Antoine De Kergommeaux

Nanocristaux semi-conducteurs pour application en cellules solaires

AF198526

Antoine De Kergommeaux

Nanocristaux semi-conducteurs pour application en cellules solaires

De la synthèse des quantum dots à leur intégration dans le dispositif

Presses Académiques Francophones

Impressum / Mentions légales

Bibliografische Information der Deutschen Nationalbibliothek: Die Deutsche Nationalbibliothek verzeichnet diese Publikation in der Deutschen Nationalbibliografie; detaillierte bibliografische Daten sind im Internet über http://dnb.d-nb.de abrufbar.
Alle in diesem Buch genannten Marken und Produktnamen unterliegen warenzeichen-, marken- oder patentrechtlichem Schutz bzw. sind Warenzeichen oder eingetragene Warenzeichen der jeweiligen Inhaber. Die Wiedergabe von Marken, Produktnamen, Gebrauchsnamen, Handelsnamen, Warenbezeichnungen u.s.w. in diesem Werk berechtigt auch ohne besondere Kennzeichnung nicht zu der Annahme, dass solche Namen im Sinne der Warenzeichen- und Markenschutzgesetzgebung als frei zu betrachten wären und daher von jedermann benutzt werden dürften.

Information bibliographique publiée par la Deutsche Nationalbibliothek: La Deutsche Nationalbibliothek inscrit cette publication à la Deutsche Nationalbibliografie; des données bibliographiques détaillées sont disponibles sur internet à l'adresse http://dnb.d-nb.de.
Toutes marques et noms de produits mentionnés dans ce livre demeurent sous la protection des marques, des marques déposées et des brevets, et sont des marques ou des marques déposées de leurs détenteurs respectifs. L'utilisation des marques, noms de produits, noms communs, noms commerciaux, descriptions de produits, etc, même sans qu'ils soient mentionnés de façon particulière dans ce livre ne signifie en aucune façon que ces noms peuvent être utilisés sans restriction à l'égard de la législation pour la protection des marques et des marques déposées et pourraient donc être utilisés par quiconque.

Coverbild / Photo de couverture: www.ingimage.com

Verlag / Editeur:
Presses Académiques Francophones
ist ein Imprint der / est une marque déposée de
AV Akademikerverlag GmbH & Co. KG
Heinrich-Böcking-Str. 6-8, 66121 Saarbrücken, Deutschland / Allemagne
Email: info@presses-academiques.com

Herstellung: siehe letzte Seite /
Impression: voir la dernière page
ISBN: 978-3-8381-7971-1

THÈSE

Pour obtenir le grade de

DOCTEUR DE L'UNIVERSITÉ DE GRENOBLE

Spécialité : **Chimie des Matériaux**

Arrêté ministérial : 7 août 2006

Présentée par

Antoine de KERGOMMEAUX

Thèse dirigée par **Adam PRON**
et codirigée par **Rémi de BETTIGNIES**

préparée au sein du **Laboratoire d'Électronique Moléculaire Organique
et Hybride - INAC/SPrAM/LEMOH (UMR5819)**
et de l'**École Doctorale Chimie et Sciences du Vivant**

Synthèse de nouveaux types de nanocristaux semi-conducteurs pour application en cellules solaires

Thèse soutenue publiquement le **18/10/2012**,
devant le jury composé de :

Prof. Pierre MURET
Professeur Emerite à l'institut Néel, Président
Prof. Veronica BERMUDEZ
Responsable R&D à NEXCIS, Rapporteur
Prof. Nicolas LEQUEUX
Professeur à l'ESPCI, Rapporteur
Dr. Gilles DENNLER
Chef du département Énergie et Environnement à IMRA Europe, Examinateur
Prof. Bernard MALAMAN
Professeur à l'université de Nancy, Examinateur
Prof. Adam PRON
Professeur à l'université technologique de Varsovie, Directeur de thèse
Dr. Rémi de BETTIGNIES
Chef du département photovoltaïque organique à l'INES, Co-Encadrant de thèse
Dr. Peter REISS
Chercheur au CEA Grenoble, Co-Encadrant de thèse

Remerciements

Le travail de cette thèse a été réalisé dans le laboratoire d'électronique moléculaire organique et hybride (LEMOH) du CEA de Grenoble en cotutelle avec l'institut national de l'énergie solaire (INES) de Chambéry. Elle a été financée par la région Rhône-Alpes par le biais d'un projet Intercluster Micro-Nano.

En premier lieu, je tiens à remercier les membres du jury, à savoir, Véronica BERMUDEZ, Nicolas LEQUEUX, Gilles DENNLER, Bernard MALAMAN et Pierre MURET pour le temps qu'ils ont consacré à l'évaluation de mon manuscrit.

Je remercie ensuite mon directeur de thèse Adam PRON pour m'avoir consacré du temps et toujours répondu à mes questions. Je remercie également Jean-Pierre TRAVERS de m'avoir accueilli au sein du SPrAM et d'avoir eu la patience de diriger cette UMR. Mes remerciements iront ensuite à Jérôme FAURE-VINCENT qui, en plus d'avoir coordonné le projet qui m'a financé, a toujours pris le temps nécessaire pour répondre à mes attentes. Je remercie ensuite Peter REISS, chef du laboratoire pour ses nombreuses connaissances partagées, sa faculté de bonification de mes écrits, et sa sympathie lors de nos nombreux extras hors du labo.

Je tiens à remercier ensuite ma deuxième famille que sont Angela FIORE et Sudarsan TAMANG avec qui j'ai beaucoup partagé pendant deux ans, humainement et scientifiquement. Axel MAURICE aura été LE copain de thèse que j'attendais et en ça je le remercie ainsi que pour sa précision sur de nombreux sujets. J'ai ensuite partagé mon bureau avec Chiara OTTONE, compère de thèse avec qui finalement l'écriture du manuscrit a été ponctué d'encouragements partagés. Je remercie également Frédéric CHANDEZON qui, par son ouverture et sa sympathie, a tout mis en œuvre pour que ma thèse se passe de la meilleure manière avec, par ailleurs, des histoires dont seul son vocabulaire et sa rhétorique peuvent conter.

Mes remerciement iront aussi à d'autres personnes du laboratoire pour leurs discussions scientifiques et personnelles : Dmitri ALDAKOV, Elsa COUDERC, Lucia HARTMANN, Aurélie LEFRANÇOIS, Cécile PHILIPPOT, Fleur THISSANDIER, Franz FUCHS, Onintza Ros, Mathieu FOUCAUD, David DJURADO, Stéphanie POUGET, Renaud DEMADRILLE, Yann KERVELLA, Nicolas GAUTHIER, Graeme STAESIUK, Nico DELBOSC.

Je remercie également toutes les personnes de l'INES : Rémi de BETTIGNIES mon co-encadrant, Stéphane GUILLEREZ, Solenn BERSON, Balthazar LECHÊNE et Stéphane CROS pour leur accueil lors de mes venues au laboratoire.

Ici prennent place deux professeurs qui ont marqué ma scolarité par la qualité de leurs enseignements : Laurence MONTVILLE de l'IUT de Rouen et Pierre SCHAAF de l'ECPM de Strasbourg. Je les remercie pour leur pédagogie.

Plus personnellement, je remercie ma famille, ainsi que Coralie pour leur soutien.

Table des matières

Table des figures

Liste des tableaux

Abréviations

AFM : microscope à force atomique (atomic force microscopy)
BC : bande de conduction
BDT : 1,4-benzènedithiol
BV : bande de valence
CH : cyanurate d'hydrazine
CIGS : chalcogénure d'indium et de gallium
CZTS : chalcogénure de cuivre, de zinc et d'étain
DRX : diffraction des rayons X
EDT : 1,2-éthanedithiol
EQE : efficacité quantique externe
FTIR : spectroscopie infrarouge à transformée de Fourier
HA : hydrazine anhydre
HDA : hexadécylamine
HM : hydrazine monohydrate
HOMO : orbitale moléculaire haute occupée (*Lowest Unoccupied Molecular Orbital*)
HRTEM : microscope électronique à transmission en haute résolution (high resolution transmission electron microscopy)
IS : déplacement isomérique (*isomer shift*)
ITO : oxyde d'indium et d'étain (indium tin oxide)
JCPDS : Bibliothèque de référence pour les rayons X (*Joint Committee on Powder Diffraction Standards*)
LUMO : orbitale moléculaire basse vacante (*Lowest Unoccupied Molecular Orbital*)
MCC : complexes de chalcogénures de métaux
MEB : microscope électronique à balayage
NCs : nanocristaux
OA : acide oléique
ODE : octadécène
ODPA : acide octadécylephosphonique
OLA : oléylamine (ou 9-Octadecenylamine)
P3HT : poly-3-hexylthiophène
PCBM : Phenyl-C61-butyric acid methyl ester
PEDOT:PSS : poly(3,4-ethylenedioxythiophene):poly(styrenesulfonate)
PL : photoluminescence
PV : photovoltaïque
QS : écartement quadripolaire (*quadrupolar splitting*)
RMS : moyenne quadratique (root mean square)
SC : semi-conducteur
SKPM : microscopie à sonde de Kelvin

TEM : microscope électronique à transmission (transmission electron microscopy)
TOP : trioctylphosphine
TOPO : oxyde de trioctylphosphine

Introduction et motivations

Prévu comme la nouvelle source d'énergie par excellence, le photovoltaïque (PV) reste aujourd'hui toujours une énergie marginalisée derrière les énergies fossiles. Elle représente seulement 0,09 % de l'énergie produite dans tout le monde en 2011, loin derrière le pétrole, le charbon et le gaz. Pourtant, cette source abondante et gratuite pour tous reste sous-utilisée. Son principal problème : un coût de production toujours trop élevé. Malgré une énergie fossile dont le prix augmente tous les jours, les énergies renouvelables et surtout le PV ont du mal à s'imposer.

Démarrée dans les années 1990, l'industrialisation des cellules solaires semble pourtant n'avoir jamais vraiment pris son essor. Sans doute à cause d'une abondance trop évidente des ressources fossiles à cette période, le PV n'a pas pu faire valoir ses atouts. Aujourd'hui, les perspectives énergétiques s'annoncent moins optimistes en matière d'énergies fossiles, forçant notre civilisation à se tourner vers de nouvelles solutions technologiques. Le PV se présente comme un bon candidat à cette alternance énergétique, ainsi que sur le plan écologique, à condition qu'il diminue ses coûts de production pour être compétitif.

Si aujourd'hui la majorité des cellules solaires installées sont basées sur du silicium cristallin, coûteux à purifier et nécessitant une épaisseur importante à cause de son gap indirect, de nouvelles technologies à base de couches minces de matériaux à gap direct (dites de deuxième génération), représentent une alternative. La diminution de l'épaisseur de la couche active, engendrant une baisse de la quantité de matériau utilisé, et donc du prix final, semble une solution efficace. Cependant, la rareté des matériaux utilisés dans ces couches minces (indium, gallium, tellure) semble annihiler cette solution avant son déploiement industriel. Il appartient donc aux scientifiques de trouver un matériau réunissant toutes les caractéristiques adéquates pour le remplacement du silicium : abondance, non-toxicité et absorption efficace du rayonnement solaire.

D'un autre côté, l'efficacité théorique des cellules solaires étant limitée à 33 % pour une simple jonction, des progrès sont nécessaires pour surpasser cette limite calculée par SHOCKLEY et QUEISSER. En effet, une partie des photons incidents composant le rayonnement solaire n'est pas convertie (pertes par thermalisation) à cause d'une plage d'absorption trop étroite. [1] Des structures composées de jonctions multiples permettraient d'obtenir une efficacité de 86,8 % pour un nombre infini de jonctions. [2] Pour une optimisation du fonctionnement des cellules à multi-jonctions, chaque couche représentant une jonction doit posséder une plage d'absorption bien définie pour convertir efficacement le rayonnement solaire. Les cellules solaires actuelles possèdent un rendement maximal de 43,5 % et sont composées de trois jonctions. Cependant, les techniques utilisées pour les produire sont coûteuses (elles nécessitent le dépôt d'un grand nombre de couches et les matériaux utilisés sont rares comme le gallium ou l'indium).

De ce constat, on peut dresser un bilan des pré-requis nécessaires à l'élaboration d'une nouvelle génération de cellules solaires industrialisables : les matériaux utilisés dans la cellule doivent être abondants et non-toxiques, les procédés de mise en œuvre doivent être peu coûteux, et les cellules doivent montrer des performances comparables au moins à celles des cellules basées sur du silicium cristallin (une efficacité en module approchant les 20 % et une durée de vie de 20 ans).

Depuis une dizaine d'années, la synthèse de nanocristaux (NCx) semi-conducteurs (quantum dots) a connu des progrès spectaculaires en prouvant qu'il était possible d'utiliser ces nano-objets dans des dispositifs électroniques. Ces NCx inorganiques ont l'avantage de former des solutions colloïdales compatibles avec des techniques de dépôt peu coûteuses. D'autre part, grâce au confinement quantique induit par leur taille nanométrique, il apparaît possible d'ajuster le gap électronique de ces NCx à des valeurs idéales pour les cellules solaires à multijonctions. Ce n'est qu'en 2008 que la première cellule solaire à base de NCx est apparue (de type Schottky) [3] et la première cellule à multijonction (ici deux) n'a été publiée qu'en juin 2011. [4] Ces cellules fonctionnent avec des NCx de sulfure de plomb (PbS) et le rendement record de 7,4 % n'a aujourd'hui pas été égalé pour d'autres matériaux. [5] Cependant, la présence de plomb dans les dispositifs n'est pas compatible avec les normes environnementales européennes, il est donc nécessaire de le substituer par un matériau alternatif.

C'est dans le cadre de cette problématique que s'inscrit cette thèse. La première partie sera articulée autour de la synthèse de NCx de nouveaux matériaux comme le sulfure d'étain, le sulfure de cuivre, ainsi que le sélénure de cuivre et d'indium. À ce jour, les synthèses de ces matériaux ne sont pas optimisées. Parce que la durée de vie de ces NCx est importante pour leur intégration dans des dispositifs, le chapitre 3 traitera de l'étude de l'oxydation des NCx de SnS par la technique de spectroscopie Mössbauer. La constitution de films minces composés de NCx et de leurs ligands de surface reste un défi à part entière pour l'obtention de propriétés électriques intéressantes, c'est pourquoi le chapitre 4 exposera la synthèse d'un nouveau type de ligand totalement inorganique et plus conducteur, ainsi que le dépôt de films minces des NCx synthétisés par différentes techniques de dépôt. Enfin, le chapitre 5 montrera l'évaluation des niveaux électroniques de couches minces de NCx ainsi que la réalisation de premiers dispositifs électriques.

Bibliographie

[1] W. SHOCKLEY et H. J. QUEISSER, « Detailed Balance Limit of Efficiency of p-n Junction Solar Cells », *Journal of Applied Physics*, vol. 32, p. 510, mars 1961. (cité en pages 1 et 9)

[2] A. D. VOS, « Detailed balance limit of the efficiency of tandem solar cells », *Journal of Physics D : Applied Physics*, vol. 13, p. 839–846, mai 1980. (cité en page 1)

[3] J. M. LUTHER, M. LAW, M. C. BEARD, Q. SONG, M. O. REESE, R. J. ELLINGSON et A. J. NOZIK, « Schottky solar cells based on colloidal nanocrystal films. », *Nano letters*, vol. 8, p. 3488–92, oct. 2008. (cité en pages vii, 2, 11, 41, 84 et 107)

[4] X. WANG, G. I. KOLEILAT, J. TANG, H. LIU, I. J. KRAMER, R. DEBNATH, L. BRZOZOWSKI, D. A. R. BARKHOUSE, L. LEVINA, S. HOOGLAND et E. H. SARGENT, « Tandem colloidal quantum dot solar cells employing a graded recombination layer », *Nature Photonics*, vol. 5, p. 480–484, juin 2011. (cité en pages 2, 12, 41 et 87)

[5] A. H. IP, S. M. THON, S. HOOGLAND, O. VOZNYY, D. ZHITOMIRSKY, R. DEBNATH, L. LEVINA, L. R. ROLLNY, G. H. CAREY, A. FISCHER, K. W. KEMP, I. J. KRAMER, Z. NING, A. J. LABELLE, K. W. CHOU, A. AMASSIAN et E. H. SARGENT, « Hybrid passivated colloidal quantum dot solids », *Nature Nanotechnology*, vol. advance on, juil. 2012. (cité en page 2)

Chapitre 1

Introduction générale

Sommaire

1.1 Énergie solaire et cellules de troisième génération

1.1.1 Le marché de l'énergie et la demande

1.1.1.1 Consommation d'électricité

La **consommation électrique** française en 2010 était de 490 TWh dans l'année ce qui correspond à 490 milliards de kWh consommés. [1] Sachant qu'il y a 64,6 millions d'habitants recensés en 2010 en France, cela représente une consommation de 7585 kWh par personne et par an ! La quantité d'électricité consommée en 20 ans a été multipliée par 1,5 alors que la population n'a été multipliée que par 1,1. La consommation est majoritairement due à l'habitat et au secteur tertiaire (téléphone mobiles, informatique, audiovisuel...) comme le montre la Figure 1.1b avec 68 % et ensuite vient la part de l'industrie avec 25 %. On peut noter ici que la part des transports est dérisoire (2,7 %) et que si demain tous les moyens de transport sont électriques (les voitures par exemple), il faudra songer à l'augmentation de la part prise par le transport dans cette balance de consommation.

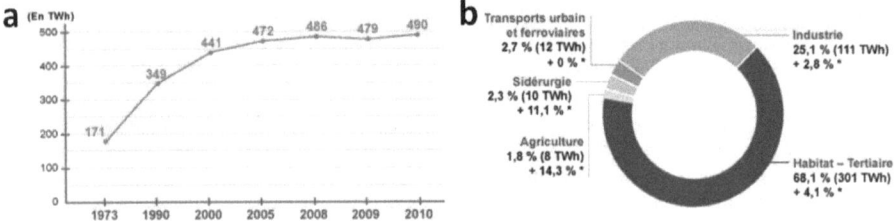

Fig. 1.1 – **a)** Évolution de la consommation électrique française au cours du temps ; **b)** Répartition de l'électricité distribuée en France en 2010. Les valeurs marquées d'une étoile (*) correspondent à la valeur en 2009. [1]

1.1.1.2 Production d'électricité

D'autre part, la **production d'électricité** en France en 2010 était de 550 TWh. Cette production provient essentiellement du nucléaire comme le montre la Figure 1.2. L'énergie d'origine nucléaire en France a drastiquement augmenté depuis les années 80 pour constituer aujourd'hui les trois-quarts de la production française. On voit par ailleurs que la part des énergies renouvelables est très faible (2,7 % sans l'hydraulique, 15,1 % avec) ce qui montre vraiment le faible développement de ces énergies. D'après le Grenelle de l'Environnement mis en place par le gouvernement français en 2007, la France devra acquérir une part d'énergies renouvelables de 23 % en 2020. Plusieurs solutions s'offrent donc à nous : soit développer les énergies renouvelables (meilleur scénario), soit poursuivre les efforts concernant les autres énergies fossiles (charbon, gaz et pétrole de schiste...).

À la vue des chiffres présentés dans les Figures 1.1 et 1.2, la France est bénéficiaire sur l'année et produit plus qu'elle ne consomme. Depuis 2011, la France exporte plus de courant qu'elle n'en importe dans tous les pays européens avec lesquels elle échange (Allemagne, Belgique, Royaume-Uni, Espagne, Italie et Suisse). Cependant, si la population change ses habitudes énergétiques en remplaçant le pétrole par de l'électricité (utilisation de la voiture électrique par exemple), et d'autre part diminue la production d'électricité nucléaire, il faudra des solutions énergétiques de remplacement pour fournir assez d'électricité à tout le monde.

Les énergies renouvelables peuvent pallier ce manque si elles sont développées correctement. Le photovoltaïque, notamment, constitue une source abondante d'énergie, en convertissant le rayonnement solaire en électricité. Même si les premières cellules solaires datent de 1954, leur développement

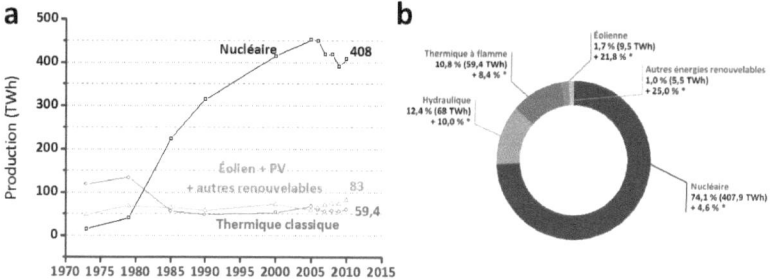

Fig. 1.2 – **a)** Évolution de la production électrique française au cours du temps ; **b)** Répartition de l'électricité produite en France en 2010. Les valeurs marquées d'une étoile (*****) correspondent à la progression relative depuis 2009. [1–3]

dans le monde a connu un essor fulgurant dans les années 2000. L'évolution des méga-watts (MW) installés est exponentielle (Figure 1.3) et constitue aujourd'hui un total de 70 GW dans tout le monde (pour comparaison, la totalité de l'énergie produite annuellement dans le monde par le photovoltaïque correspond à 25,6 % de l'énergie électrique consommée en France par an, le calcul est détaillé dans l'annexe D). On observe sur ces graphes que l'Europe est leader dans la capacité installée (74 % de la capacité mondiale installée en 2011 !), alors que suivent l'Asie du Pacifique avec notamment le Japon. Sur la Figure 1.3b, on voit clairement la nette augmentation de la capacité de la Chine, même si elle reste minoritaire par rapport à celle de l'Europe.

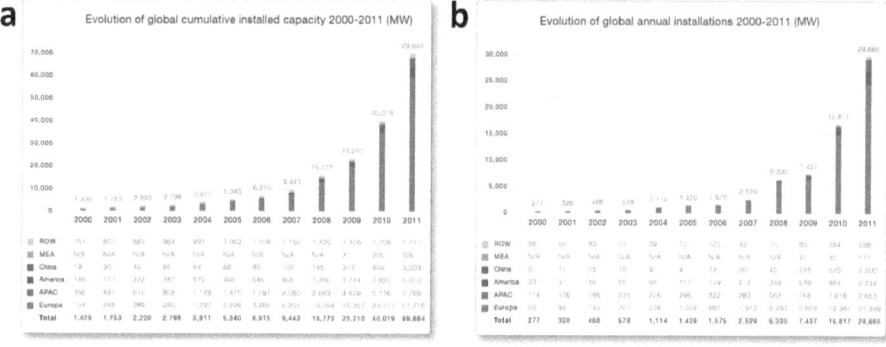

Fig. 1.3 – **a)** Évolution de la capacité installée cumulée de panneaux solaires dans le monde ; **b)** Évolution de la capacité installée de panneaux solaires par année. Les graphes sont issus du rapport de l'EPIA (agence européenne pour le photovoltaïque) de mai 2012. [4] ROW = Reste du monde, MEA = Asie et Moyen-Orient, APAC = Asie du Pacifique.

De ce constat, on en tire les leçons suivantes :

- beaucoup de progrès sont nécessaires pour combler la marge gigantesque de production d'électricité à partir des panneaux solaires par rapport aux autres énergies. Il faut donc installer plus de panneaux.

- la progression en termes de panneaux installés suit une pente encourageante, il nous faut continuer sur cette tendance.

- les pays du sud sont en retard sur le nombre de panneaux installés alors que leur ensoleillement est nettement supérieur à ceux des pays du nord, il faut donc commencer à installer des panneaux là-bas.

- parce que l'installation est dépendante de l'aide politique, il faut continuer à sponsoriser l'installation, en attendant que le prix des panneaux atteigne des valeurs où il n'aura plus besoin d'être sponsorisé.

La limite principale aujourd'hui à l'installation de panneaux solaires est leur coût car celui-ci n'est pas compétitif vis-à-vis des autres énergies. D'après les estimations, [5] les subventions pourront s'arrêter en 2016-2017 car à ce moment, le coût de l'énergie photovoltaïque sera inférieur au coût de l'électricité produite par d'autres énergies (nucléaire notamment). Cependant, cette baisse des coûts repose sur une baisse du prix des panneaux, réalisable par plusieurs scénarios :

- le rendement des panneaux commercialisés est amélioré (modules à base de silicium cristallin), permettant une baisse indirecte des coûts par mètre carré de la prochaine génération de modules.

- on développe des procédés de fabrication à plus faible coût. Cela nécessite donc de concentrer l'effort de recherche sur le segment le plus coûteux de la chaîne de production.

- les cellules fabriquées se basent sur des matériaux bon marché, permettant une alternative au silicium purifié coûteux.

Il y a donc du travail à faire dans tous les segments du marché, de la recherche d'un concept plus efficace à une baisse des coûts des étapes de production en passant par le choix des matériaux.

1.1.2 Répartition des technologies

D'après ce constat, il apparaît intéressant de réaliser un état des lieux de la répartition des technologies installées réellement (Figure 1.4). La première information est la suprématie des cellules silicium installées ces trois dernières années (86 % en 2011!) qui laisse une maigre part aux autres technologies. La deuxième information principale est la diminution des technologies CdTe et a-Si au profit des technologies CIGS/CIS (chalcogénure de cuivre et indium). L'explication principale de la diminution des modules CdTe peut se trouver dans le fait que la stratégie FIRST SOLAR consiste à n'installer que des fermes solaires pour faire baisser les coûts mais elle se heurte également à des problèmes de règlementation environnementale (par exemple en France, il n'est pas possible d'installer des panneaux CdTe sur le toit d'un particulier pour des raisons de toxicité du cadmium). La baisse du a-Si peut s'expliquer peut être dans l'analyse des coûts de production : le prix des modules est bas seulement si l'usine tourne à plein régime. Or, l'acteur principal dans le domaine, UNISOLAR vient de déposer le bilan en février dernier (2012), preuve que cette technologie n'est pas si rentable. On peut noter par ailleurs que la majorité des panneaux à base de silicium cristallin installés ces dernières années est d'origine chinoise, provenant d'entreprises qui pratiquent un dumping commercial sur le prix des panneaux, ce qui leur a assuré quelques bonnes parts du marché...(la présence de trois industriels chinois sur les cinq premiers du top 10 des producteurs de modules en témoigne).

Le message important véhiculé par l'augmentation de la technologie CIGS est qu'il est possible qu'une nouvelle technologie prenne des parts de marchés (même si elle sont petites).

1.1.3 Les cellules solaires

Suite à la découverte de l'effet photoélectrique par Antoine BECQUEREL en 1839, la première cellule solaire fut inventée par FRITTS en 1883 avec un morceau de sélénium collé à une fine plaque d'or de rendement de 1%, [6] posant ainsi les bases de la cellule solaire. C'est bien plus tard, en 1954, que des chercheurs du *Bell Lab* mirent au point une cellule à jonction PN d'une efficacité de 6 %. [?] Cette découverte fut rapidement suivi par la découverte d'une jonction Cu_2S/CdS indiquant aussi une efficacité de 6 %. [7]. Les années 60 virent le développement de la théorie de la jonction PN par

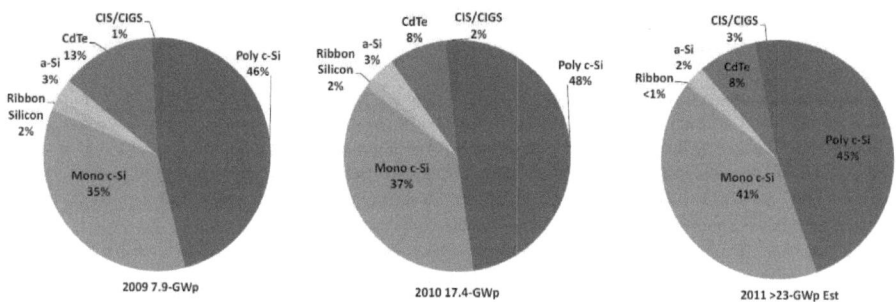

Fig. 1.4 – Répartition et évolution des modules installés par an dans le monde classés par technologies, de 2009 à 2011 (source Navigant Consulting).

de nombreux acteurs, notamment SHOCKLEY et QUEISSER qui définissent la limite théorique d'une monojonction à 33 %. [8] Bien d'autres découvertes apparurent par la suite et les efficacités de cellules grimpèrent comme l'indique la Figure 1.5. Dans ce graphe sont regroupés tous les rendements de cellules de toutes les technologies jusqu'en 2011.

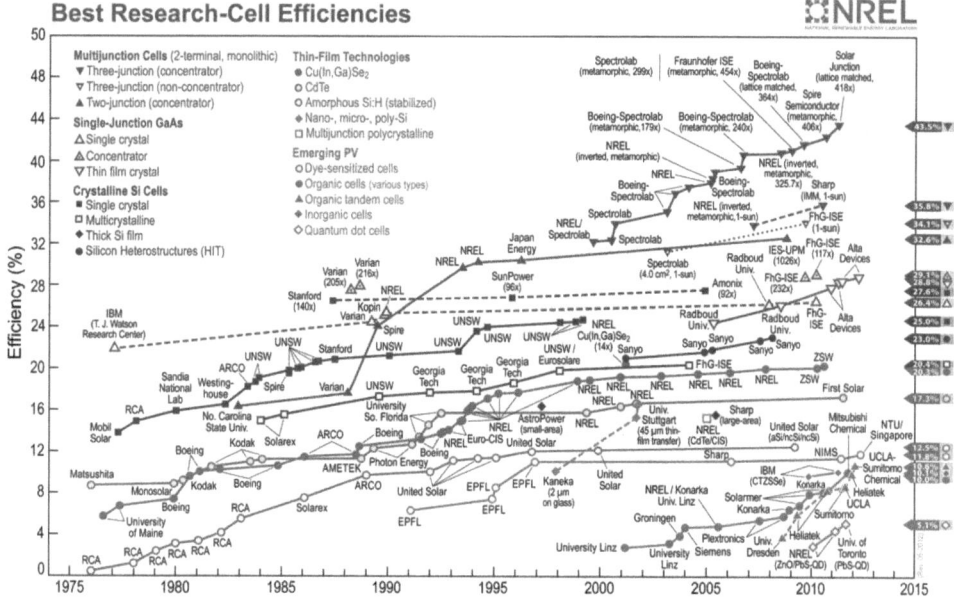

Fig. 1.5 – Graphe montrant l'évolution des rendements des cellules au cours du temps, pour toutes les technologies (source NREL révisée en Mai 2012).

Différentes catégories sont visibles dans ce résumé, mais les résultats concernent majoritairement des cellules mesurées en laboratoire, avec des surfaces différentes. Des tables récentes et régulières regroupent des résultats plus généraux pour les valeurs des modules notamment rapportées par M.A. GREEN. [9]

La catégorie des cellules à multi-jonctions ou à concentration est principalement développée pour des applications spatiales : leur coût est trop important pour la production de masse, il s'agit ici de minimiser la surface utilisée pour un maximum de rendement. Les techniques de fabrication de ces cellules sont coûteuses (elles sont généralement fabriquées par des procédés sous vide poussé), et les matériaux utilisés, relativement rares. On peut tout de même ici noter que grâce à un record du monde de 43,5 %, elles surclassent les autres technologies.

La deuxième catégorie rassemble les cellules à base de silicium cristallin. Ce domaine est majoritaire et comprend soit les cellules monocristallines, soit polycristallines. Les rendements des cellules silicium sont stables depuis les années 2000 et n'augmentent plus (record bloqué à 25 %) mais il est nécessaire de dire que depuis ce temps là, beaucoup de travaux ont été réalisés pour combler le fossé entre les cellules de laboratoire et les modules qui atteignent aujourd'hui 21,4 % (modules SUNPOWER de 1,5 m²). Cette donnée est importante car pour les autres technologies, l'écart entre les rendements en laboratoire et en production est assez conséquent.

Les technologies couches minces (dites de deuxième génération) représentent aujourd'hui le plus fort potentiel car la quantité de matière utilisée est beaucoup plus faible du fait de l'épaisseur de la couche active (généralement 2 µm) ce qui entraîne une baisse des coûts des modules. Ce domaine regroupe les technologies CIGS (Diselenure de Cuivre Indium et Gallium), le CdTe (tellure de cadmium, première technologie dont le prix des modules est passé en-dessous de 1 $/$W_c$ avec la société FIRST SOLAR) mais aussi le silicium amorphe (a-Si), notamment développé en triple jonction par la société UNISOLAR. Le record de la technologie est de 20,3 % pour une cellule CIGS réalisée au centre de recherche sur l'énergie solaire et hydrogène à Stuttgart sous la supervision du professeur POWALLA. Ces technologies qui utilisent habituellement des techniques du vide se dirigent vers un dépôt par voie liquide de la couche active, comme le montrent les dernières avancées de l'EMPA notamment. [10, 11] Ces technologies couches minces sont matures et beaucoup de sociétés fabriquent ces modules et les commercialisent.

La dernière catégorie représente les concepts émergents, avec une large domination du photovoltaïque organique. Les derniers rendements sur modules organiques officialisés par la société HELIATEK (10,7 %) montrent que cette technologie est compétitive. Ses principaux avantages sont la flexibilité et le coût potentiel (techniques de dépôts à bas coûts). Cependant, elle devra faire face à ses limites qui sont la durée de vie et le prix, toujours trop élevé. Dans cette catégorie se trouvent également les cellules inorganiques par voie liquide comme celles produites chez IBM par D. MITZI à base de précurseurs dissous dans l'hydrazine : une cellule à base d'un nouveau matériau (CZTSSe : $Cu_2ZnSnS_2Se_2$) utilisant un procédé simple par voie liquide mène à un rendement de conversion de 10,1 %. Cependant, la taille des électrodes utilisée dans ce procédé restent faible (0,5 cm²). [12, 13] On peut également remarquer, par ce procédé avec l'hydrazine, le rendement record de 15,4 % pour une cellule CIGS. [14] Finalement, les cellules à base de nanocristaux (ou quantum dots) montrent des rendements modestes (5,1 %) mais les progrès dans ce domaine sont mensuels. Nous avons principalement travaillé sur ce dernier type de cellules.

1.1.4   Cellules à base de NCx, état de l'art

1.1.4.1   Preuve du concept, la cellule de type Schottky

Les cellules à base de NCx constituent aujourd'hui un potentiel très intéressant pour trois raisons principales :

- les NCx existent sous forme de solutions colloïdales offrant des possibilités de dépôt par voie liquide, techniques compatibles avec des procédés bas coûts. En effet, les NCx, dont la surface est entourée de ligands, se comportent comme des particules en suspension, et il est ainsi possible, par voie liquide, de les déposer sur une surface, après séchage du solvant ;

- l'idée de tirer avantage du confinement quantique, c'est-à-dire que le gap des NCx augmente avec la diminution de leur taille. Une utilisation en multijonctions serait alors possible avec le même matériau en sélectionnant la plage d'absorption idéale pour chaque jonction par le contrôle de la taille de NCx ;

- ces matériaux s'auto-assemblent facilement lorsqu'ils sont déposés sur une surface, ce qui facilite leur mise en œuvre. Des empilements 2D et 3D sont aisément réalisables avec toutes les familles de NCx, à condition que la dispersion en taille soit étroite.

Néanmoins, si le concept théorique des cellules à base de NCx a été développé il y a longtemps, la première réalisation expérimentale n'est apparue dans la littérature qu'en 2008, quasiment au même moment dans deux laboratoires : au NREL dans le groupe de NOZIK [15] et à l'université de Toronto dans le groupe de SARGENT. [16] Ces deux premiers démonstrateurs de concept utilisent des NCx de PbSe et le procédé de fabrication est mis en œuvre sous atmosphère inerte.

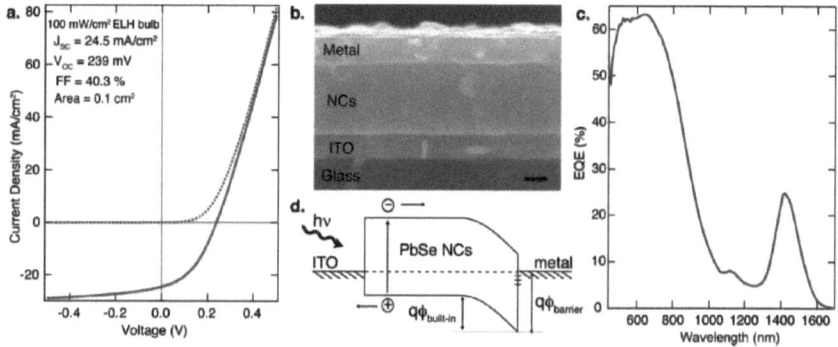

Fig. 1.6 – Figure extraite d'un des premiers articles rapportant la mesure de rendement dans une cellule à base de NCx. [15]. **a)** Courbe I/V de la cellule dans le noir et sous illumination ; **b)** Image MEB en coupe de la cellule ; **c)** Courbe EQE (external quantum efficiency) et **d)** Schéma de la structure de bandes du dispositif.

Cette première cellule solaire est une cellule de type Schottky, c'est-à-dire une jonction entre la couche active (ici les NCx de PbSe) et l'électrode métallique. La couche active, pour la première fois de l'histoire du photovoltaïque, est uniquement constituée de NCx. La réalisation d'une telle couche, assez conductrice pour pouvoir constituer la couche active, n'a été possible que par l'échange des ligands de surface, initialement isolants, par de petites molécules beaucoup plus conductrices (éthanedithiol). Pour ce faire, une technique de dépôt couche par couche a été utilisée avec un cycle constitué d'un trempage de la cellule dans une solution de NCx puis un trempage dans une solution de nouveaux ligands (cette méthode sera expliquée dans le chapitre 4). Ainsi, il est possible de contrôler l'épaisseur du film.

Les résultats exposés dans la Figure 5.3 montrent une courbe I/V révélant un rendement de conversion de 2,1 %, ainsi qu'une bonne conversion des photons venant de l'infrarouge comme le montre la courbe d'EQE (*external quantum efficiency*). Ce résultat présente deux nouveautés majeures : premièrement, il est possible d'extraire des charges photogénérées dans les NCx et deuxièmement, on peut absorber relativement loin dans le visible/proche infrarouge. Cependant, malgré ce constat positif, on observe que la surface de l'électrode est très petite (0,1 cm^2) et que les cellules sont sensibles à l'air (décroissance du rendement après mise à l'air [16]).

Un autre point important développé dans ces travaux est l'ingénierie de bandes. En effet, dans une cellule de type Schottky, la nature du métal utilisé est très importante car elle impacte directement la qualité du rendement. Selon le travail de sortie du métal et les niveaux électroniques des NCx, l'extraction de charges sera induite par l'écart énergétique des bandes. Dans le cas du PbSe, après plusieurs essais de métaux d'électrodes (calcium, magnésium, argent, aluminium et or), il apparaît que les meilleurs résultats ont été obtenus avec du calcium car celui-ci possède un travail de sortie plus faible, son niveau énergétique est donc plus proche du niveau LUMO des NCx, ce qui est favorable pour un bon transfert des électrons. Cette différence d'énergie permet également d'augmenter le V_{OC}. Cependant, il est risqué de conclure sur ce constat, des mesures plus précises sur le niveau des bandes et sur l'interface sont nécessaires. De plus, dans le papier du groupe de SARGENT, le matériau d'électrode qui fonctionne le mieux est l'aluminium, toujours en utilisant le PbSe comme matériau. Le record pour ce type de cellule et avec du PbSe est d'aujourd'hui de 4,6 % [17] établi en 2011 et n'a pas été surpassé depuis.

Cependant, les cellules de type Schottky sont limitées par l'épaisseur de la couche active. Celle-ci doit être suffisamment mince pour que toutes les charges soient collectées (maximum 150-200 nm). En revanche, l'absorption n'est pas suffisante avec une si petite épaisseur de couche active, il faut donc envisager une autre structure permettant l'augmentation de la couche active sans risque que les charges se recombinent. Afin de pallier ce problème, les chercheurs ont envisagé un autre type de structure, l'hétérojonction à déplétion.

1.1.4.2   L'hétéronjonction à déplétion

Les cellules à hétérojonction déplétée ont une structure inspirée de deux cellules existantes : l'hétérojonction PN classique et la cellule de Grätzel. En règle générale, elle est constituée d'une structure bicouche avec une couche de NCx d'oxydes (ZnO, TiO_2) et une autre couche de NCx absorbeurs de lumière. L'oxyde est un semi-conducteur à large bande interdite plutôt dopé N (riche en électrons) alors que les NCx utilisés dans la couche active sont généralement de faible gap (1-2 eV) et sont dopés P. Cela crée entre les deux couches une hétérojonction et la structure de bande dans ce cas est de type II. La première cellule de ce type a été fabriquée par le groupe de SARGENT avec un rendement de 5,1 % et des NCx de PbS comme absorbeurs. L'oxyde utilisé dans ces travaux est le TiO_2.

Dans cette cellule, les NCx utilisés sont du PbS de différentes tailles. Les différents gaps obtenus en fonction de la taille ont été testés dans les cellules et il a été montré que le gap le plus élevé (1,3 eV) donnait de meilleurs rendements. Cela s'explique par le fait que le spectre solaire émet plus de photons dans les longueurs d'ondes proches de 1000 nm (soit 1,3 eV) que plus loin dans l'infrarouge. Effectivement, la Figure 1.7d montre un pic de conversion de photons autour de 1000 nm qui correspond au pic excitonique des NCx de PbS synthétisés (gap de 1,3 eV). L'action de ces NCx comme absorbeurs est donc vérifiée.

1.1.4.3   Cellule tandem composée de NCx

Un des avantages d'utiliser les NCx est de pouvoir adapter l'absorption des NCx via leur gap pour optimiser l'absorption des photons émanant du soleil. Si les cellules multijonctions ont démontré aujourd'hui un rendement de 43,5 %, on voit qu'il est intéressant de cibler l'absorption en la répartissant sur différentes couches. Dans ce contexte, des cellules tandem (composées de deux couches d'absorbeurs) ont été développées par WANG [19] avec deux couches actives composées de NCx de PbS de différents gaps séparées par une couche de recombinaison composée d'un mélange d'oxydes (MoO₃, ITO, Al-ZnO, et TiO_2). Cette cellule montre effectivement une augmentation du rendement lorsque les cellules sont superposées en tandem (le rendement final atteint 4,2 %) et la réponse spectrale mesurée par EQE démontre clairement l'apport de chaque couche active (couches de PbS de 1 et 1,6 eV).

La principale limitation pour ces systèmes est la couche interfaciale qui dans ce premier cas est

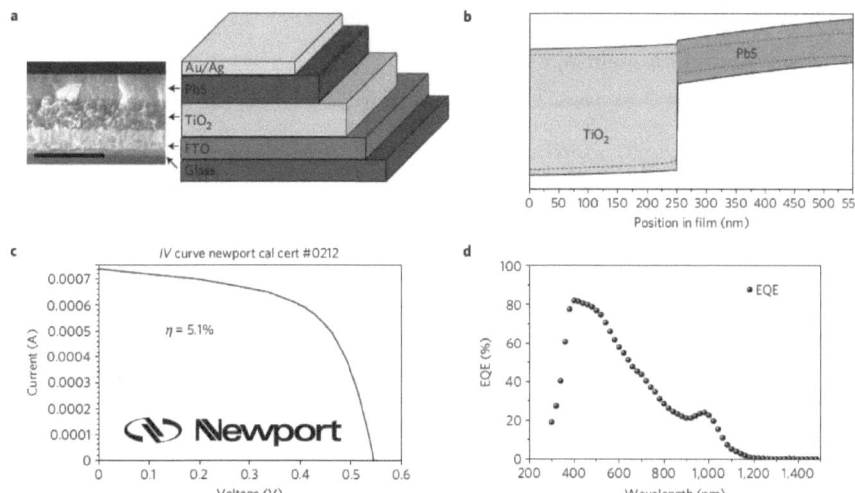

Fig. 1.7 – Figure extraite de l'article sur la première cellule avec une structure hétérojonction déplétée. [18]. **a)** Schéma du dispositif et son image MEB en coupe; **b)** Schéma de la structure de bandes à l'interface des deux couches; **c)** Courbe I/V de la cellule indiquant un rendement de conversion de 5,1 % et **d)** Courbe EQE du dispositif.

une succession de fines couches d'oxydes d'épaisseur et de niveaux électroniques très contrôlés. Cette complication n'est pas aujourd'hui compatible avec des procédés à bas coûts tant que les dépôts de ces oxydes nécessitent l'utilisation des techniques du vide.

1.1.4.4 Conditions à satisfaire pour le remplacement du PbS

Toutes les technologies listées ci-dessus montrent de nombreuses possibilités de cellules avec des rendements en progression. Malheureusement, elles sont basées sur le PbS, matériau contenant du plomb, qui se dégrade en oxyde de plomb (produit toxique). Les nouvelles directives européennes environnementales requièrent de s'affranchir du plomb dans les technologies. Il devient donc nécessaire de substituer le PbS par un autre matériau. Si beaucoup de candidats semblent possibles (FeS_2, Cu_2S, SnS, CZTS,...), aucun n'a à ce jour démontré son potentiel dans une cellule solaire à base de NCx. Cette problématique est donc au cœur du sujet de cette thèse dans laquelle nous avons cherché à remplacer ce PbS dans les dispositifs.

La substitution du PbS par un autre matériau dans les cellules, requiert cependant que la synthèse des matériaux potentiellement intéressants soit maîtrisée, ce qui n'est pas le cas à ce jour. Nous verrons dans la partie suivante quels sont les pré-requis pour l'obtention de NCx de dispersions en taille contrôlées.

1.2 Généralités sur les quantum dots

1.2.1 Définition d'un quantum dot

Les nanocristaux (NCx) semi-conducteurs colloïdaux (ou quantum dots) sont des nanoparticules semi-conductrices d'une taille inférieure à 10 nm. Elles sont composées d'un cœur inorganique de quelques centaines ou milliers d'atomes entourés par une fine couche de molécules organiques appelés surfactants. La réduction de taille, en plus d'augmenter considérablement le rapport surface/volume, permet aux niveaux électroniques de ces semi-conducteurs d'être discrétisés, induisant un confinement quantique exploitable pour des propriétés opto-électroniques.

1.2.1.1 Confinement quantique

De par leur taille, les NCx se situent comme un intermédiaire entre la molécule et le massif. Pour les NCx, on se rapproche d'un système moléculaire donc la bande de valence sera appelée la HOMO (*Highest Occupied Molecular Orbital*) et la bande de conduction sera appelée la LUMO (*Lowest Unoccupied Molecular Orbital*). Le nombre d'atomes contenus dans un NC est fini ce qui induit une discrétisation des niveaux d'énergies. Cet effet de discrétisation et d'élargissement des niveaux d'énergie a été mis en évidence dans les travaux de BRUS où il définit les bases du calcul pour le confinement quantique. Ces systèmes de nanocristaux constituent en fait des puits de potentiel en trois dimensions dans lesquels les charges sont confinées. [20–23] Ces formules décrivent l'évolution du gap électronique en fonction de la taille des nanocristaux ainsi que le calcul du rayon de Bohr, rayon limite en-dessous duquel les particules sont confinées. En première approximation et pour des particules sphériques, cela donne :

$$E_g \;=\; E_g^{massif} + \frac{\hbar^2 \pi^2}{2r^2}\left(\frac{1}{m_e^* m_e} + \frac{1}{m_h^* m_e}\right) - \frac{1,8e^2}{4\pi\epsilon_r\epsilon_0}\frac{1}{r} \tag{1.1}$$

Dans cette équation, E_g est le gap électronique d'un NC de rayon r et E_g^{massif} est le gap du matériau massif. Le deuxième terme correspond au confinement quantique d'un puits de potentiel sphérique où m_e^* et m_h^* sont les masses effectives de l'électron et du trou. Les autres paramètres sont la masse de l'électron ($m_e = 9,1.10^{-31}$ kg) et la constante de Planck réduite ($\hbar = 1,0546.10^{-34}$ J.s). Le troisième terme, dit d'attraction coulombienne, comporte la permittivité diélectrique relative du matériau (ϵ_r) ainsi que celle du vide ($\epsilon_0 = 8,854.10^{-12}$ F/m).

On peut ensuite exprimer le rayon de Bohr par la formule suivante : [24]

$$r_B \;=\; \frac{4\pi\epsilon_0\epsilon_r\hbar^2}{e^2}\left(\frac{1}{m_e^* m_e} + \frac{1}{m_h^* m_e}\right) \tag{1.2}$$

Il est donc possible, à condition d'avoir les paramètres m_e^*, m_h^* et ϵ_r du matériau, de calculer la valeur du gap en fonction de la taille des NCx, si ceux-ci sont sphériques.

La Figure 1.8a décrit la manière dont les bandes d'énergie sont discrétisées lors de la diminution de la taille des NCx. Le calcul pour quelques matériaux connus a été réalisé sur la Figure 1.8b où l'on voit par exemple que le gap de GaAs peut atteindre 3 eV pour des NCx de 4 nm de diamètre (le matériau massif a un gap de 1,43 eV).

1.2.1.2 Structure cristalline des nanocristaux

Selon leurs éléments constitutifs, les NCx peuvent cristalliser dans différentes structures, majoritairement la structure cubique, würtzite ou zinc blende. Il est également possible d'observer le type rocksalt (type NaCl) mais cette structure semble n'être observée que sur des systèmes IV-VI. Même si

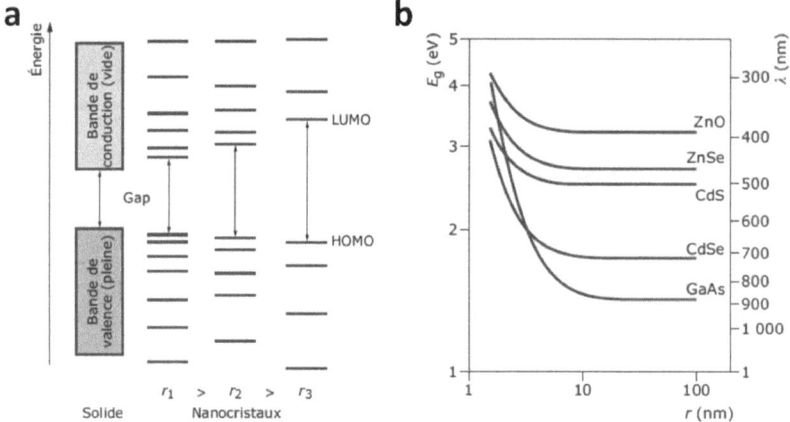

Fig. 1.8 – **a)** Schéma décrivant la discrétisation des niveaux d'énergie pour des tailles réduites de nanocristaux ; **b)** Graphique montrant l'augmentation du gap électronique en fonction du rayon des NCx. Ces courbes sont basées sur le calcul à partir de la formule de Brus et la figure est issue des travaux de Reiss et Chandezon. [25]

la stabilité de ces structures est de type thermodynamique, la nature des ligands investis dans la synthèse influe largement sur la structure cristalline finale. Un changement des ligands pendant la synthèse peut provoquer un changement de la structure cristalline des NCx, ces ligands jouant directement sur la réactivité des faces avec notamment, l'encombrement stérique généré par leur taille. [26, 27]

Un traitement thermique après la synthèse peut également être à l'origine d'un changement de phase favorisant un arrangement différent des atomes. Cela a été démontré pour des particules de FePt qui passent d'une phase cfc (cubique faces centrées), qui est une phase désorientée magnétiquement, à une phase $L1_0$ (tétragonale faces centrées) ordonnée présentant des propriétés magnétiques très intéressantes. [28, 29]

1.2.1.3 Propriétés optiques des QDs

Deux principales caractéristiques optiques des NCx existent massivement dans la littérature : l'**absorption** et la **photoluminescence**.

Les NCx peuvent absorber des photons d'énergie supérieure à la valeur de leur gap. L'observation d'un pic excitonique sur le spectre d'absorption d'une solution de NCx correspond à la transition optique du premier état excité. Sa position en longueur d'onde est directement reliée à son gap tandis que la largeur de ce pic est directement liée à une dispersion en taille des NCx. Dans le cas où les NCx possèdent une dispersion en taille importante, on observera un épaulement à la longueur d'onde du pic excitonique. Sur les spectres bien résolus, significatifs d'une faible dispersion en taille des NCx, on peut également observer des phénomènes d'absorption dans les faibles longueurs d'onde qui sont attribuables à des états excités de plus hautes énergies.

La photoluminescence est par définition l'émission d'un photon. Il existe donc deux types d'émission : la fluorescence et la phosphorescence. La première se constitue d'une absorption d'un photon puis, de l'émission d'un photon de moindre énergie issu de la désexcitation de l'électron après relaxation de celui-ci par le biais de phonons. Le photon émis sera donc de longueur d'onde plus grande (et d'énergie plus basse). Le second type de luminescence est la phosphorescence et se caractérise par un phénomène similaire, mais à une échelle de temps plus grande.

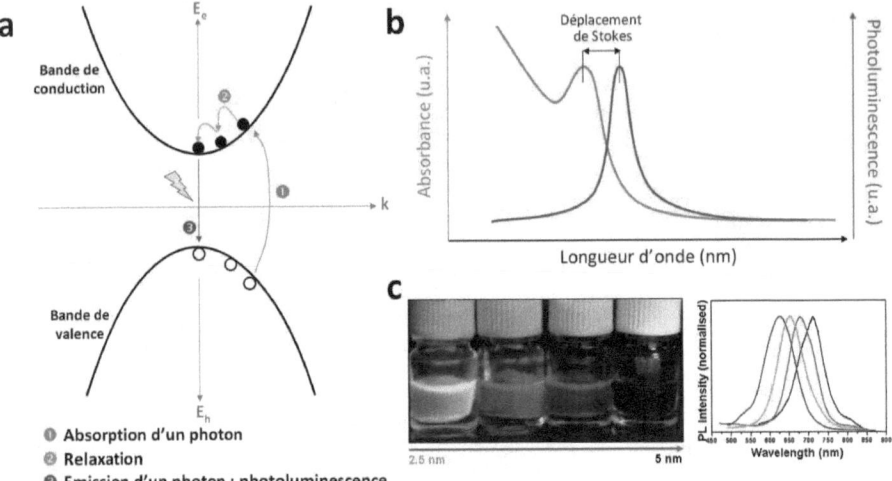

Fig. 1.9 – **a)** Schéma résumant les phénomènes optiques dans les NCx (schéma tiré de la référence [30]) et **b)** eurs impacts sur les spectres d'absorption et de photoluminescence ; **c)** Effet de la diminution de la taille sur les propriétés de photoluminescence pour des NCx d'InP. [31]

L'énergie du photon émis correspond quasiment à la valeur du gap du matériau, c'est pour cette raison que l'on peut contrôler la couleur des NCx en ajustant le gap. Cependant, la présence de défauts de surface ou d'une mauvaise passivation peut inhiber cette émission par le biais de recombinaisons non-radiatives.

Lorsque le photon émis est d'énergie plus faible que le photon absorbé, on appelle la différence de ces énergies le décalage de Stokes, qui trouve son explication dans la relaxation d'une partie de l'énergie de ce photon en phonons (vibrations du réseau). Ce décalage vers les longueurs d'onde infrarouges (ou redshift) est observé dans la majorité des cas pour les quantum dots. L'effet inverse, le décalage anti-Stokes a également été observé (le photon émis est plus énergétique que le photon absorbé), l'absorption d'énergie dans l'infrarouge (sous forme de chaleur) étant la cause de cette augmentation d'énergie. [32]

Le rendement de conversion des photons émis sur les photons absorbés s'appelle le rendement quantique. Celui-ci est intrinsèquement lié à la qualité des NCx synthétisés (défauts de surface, dispersion en taille, hétérogénéité de la stoechiométrie), mais également à l'état de surface (présence d'une coquille, nature des ligands...)

1.2.1.4 Propriétés électriques des QDs

Lorsque l'on parle de propriétés électriques des NCx, on se réfère généralement à des assemblages de NCx, c'est-à-dire un réseau de particules contenues dans une matrice, ordinairement les ligands. La constitution d'un réseau organisé dans lequel la distance entre les NCx est maîtrisée apparaît alors indispensable. La distance inter-particules et sa nature conditionnent directement la qualité du transport électrique. Les NCx, qui présentent des propriétés bien définies lorsqu'ils sont isolés, subissent un couplage interparticulaire lors de leur assemblage en films. Ce couplage peut être formalisé par l'équation suivante exprimant le taux de transfert tunnel entre deux orbitales de deux NCx voisins : [33,34]

$$C \propto \exp\left(-2\left(\frac{2m^*\Delta E}{\hbar^2}\right)^{1/2}\Delta x\right) \tag{1.3}$$

Ici, m^* est la masse effective de l'electron, ΔE et Δx sont respectivement la hauteur de la barrière tunnel et la plus petite distance entre les NCx.

Comme on le voit dans cette expression, ce couplage augmente exponentiellement avec la distance entre les NCx et la racine carrée de la hauteur de la barrière. Il apparaît clairement qu'une ingénierie appliquée de ces paramètres permettrait l'augmentation importante du couplage. D'autres paramètres influent sur le transport comme l'énergie de charge et les défauts structuraux. Pour une étude plus approfondie, se reporter aux travaux de TALAPIN [35] ou encore de GUYOT-SIONNEST [36].

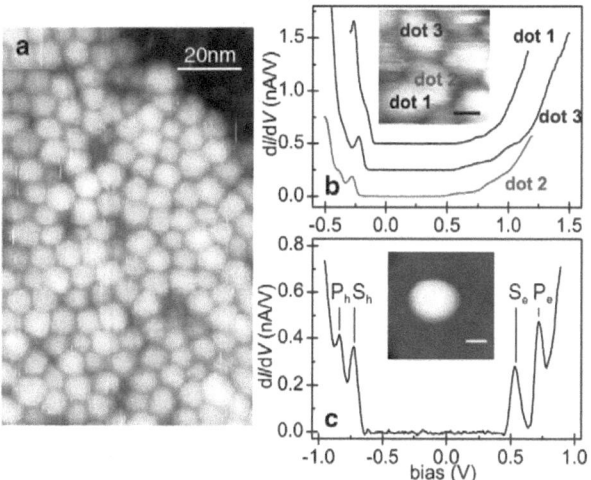

Fig. 1.10 – Figure extraite des travaux de Liljeroth qui montre le couplage entre les NCx en mesurant la densité d'état des NCx par STS (Scanning Tunneling Spectrosopy). [37, 38]

Une autre mise en évidence intéressante du couplage est révélée dans les travaux de LILJEROTH qui montrent par STM (*scanning tunneling microscope*) et STS (*scanning tunneling spectroscopy*) l'effet du couplage entre NCx isolés et organisés en super-réseaux. On voit bien sur la figure 1.10 le changement de la densité des états sur des NCx rapprochés (b) par rapport à un NCx isolé (c).

1.2.1.5 Systèmes cœur/coquille

La qualité de la surface des NCx, prépondérante dans le matériau en raison du fort rapport surface/volume, constitue la principale limite pour les propriétés optiques et électroniques. Il apparaît donc nécessaire d'améliorer la surface des NCx imparfaits, soit par passivation à l'aide de ligands, soit par croissance d'une coquille protectrice. Cette dernière technique est bien connue, et consiste à faire croître un deuxième matériau sur les NCx déjà existants. Plusieurs paramètres entrent en jeu dans la composition d'un système cœur/coquille : [39]

- les structures cristallines du cœur et de la coquille doivent être similaires, sinon il y a un fort risque que le matériau de coquille nuclée (ou ne germe) tout seul à côté car cela représente un état plus favorable thermodynamiquement.

- les paramètres de mailles doivent être les plus proches possibles afin d'éviter une contrainte trop forte à l'interface. Des travaux dans le groupe de DUBERTRET [40] ont montré que la pression à l'interface entre un système cœur/coquille favorable (CdS/ZnS) représentait déjà jusqu'à 4 GPa !

- selon le type d'utilisation que l'on souhaite, il faut étudier de près la structure de bande du matériau de coquille. Une structure de type I permet le confinement des électrons et des trous dans le cœur (idéale pour la photoluminescence) alors qu'une structure de type II permettra la séparation des charges (pour des applications où on cherche à récupérer le courant).

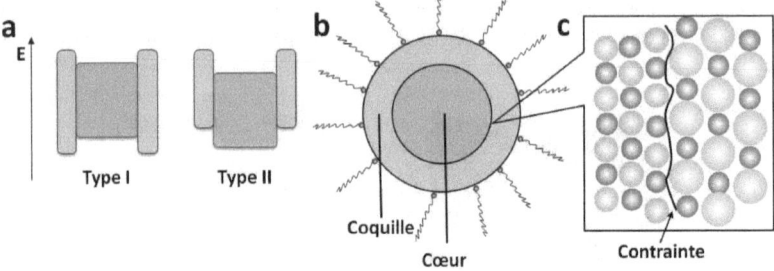

Fig. 1.11 – **a)** Schéma décrivant les deux principales configuration de structures de bandes pour un système cœur/coquille avec le niveau le plus bas correspondant à la HOMO et le niveau le plus haut correspondant à la LUMO ; **b)** Schéma de la structure des NCx ; **c)** Représentation de la contrainte à l'interface entre le cœur et la coquille lors d'une différence de paramètre de maille trop importante.

Prenant en compte ces caractéristiques, il est possible d'obtenir des NCx dont la PL peut atteindre 85 % de rendement quantique. Il est possible également en contrôlant l'épaisseur de la coquille d'aller émettre dans les longueurs d'onde des télécomunications (jusqu'à 2 μm pour un système PbS/CdS). [41] Il faut également noter ici que les coquilles peuvent agir comme protection contre l'oxydation et ainsi passiver les NCx sensibles à une exposition à l'air.

Il est également possible de faire croître une coquille de façon anisotrope et d'obtenir des systèmes de NCx/NBs (nanobâtonnets) ou tétrapodes comme dans les travaux du groupe de MANNA. [42, 43] Pour ce faire, un bon mélange de ligands permet le contrôle de la croissance en jouant sur la réactivité des faces.

1.2.2   Méthode de synthèse des nanocristaux

La synthèse de NCx attire beaucoup les scientifiques, tant par ses possibilités théoriques impressionnantes que par sa pluridisciplinarité. Si les propriétés de ces nano semi-conducteurs sont bien comprises, leur fabrication reste le défi principal auquel les chimistes sont confrontés. Il existe aujourd'hui deux principales voies chimiques permettant d'accéder à des NCx (< 10 nm) et de dispersion en taille étroite : la synthèse en voie aqueuse à des températures relativement basses (environ 100-150 °C), ainsi que la synthèse en milieu organique à des températures relativement hautes (supérieures à 200 °C).

1.2.2.1   Synthèse par voie aqueuse à température ambiante

La formation des matériaux inorganiques que sont les NCx s'effectue naturellement par voie aqueuse, c'est pourquoi les premières synthèses de NCx rapportées incluaient des techniques par cette voie. Les premières synthèses de CdS ont été rapportées dès le début des années 1980 dans les groupes de HENGLEIN et de BRUS simultanément. [20–23, 44, 45] Cette technique de synthèse consiste à mélanger des réactifs ainsi que des stabilisants dans l'eau. Ici, les surfactants viennent stabiliser les NCx nucléés et, par gêne stérique ou par répulsion électrostatique, les NCx restent en suspension, créant ainsi une solution colloïdale. Ce protocole de synthèse mène souvent à une dispersion en taille des NCx importante (écart-type > 15 %) et nécessite une étape de précipitation sélective (technique qui consiste à jouer sur la polarité des solvants pour favoriser la précipitation par taille des NCx). Suite à ces travaux, une technique dérivée de celle-ci apparut et consiste à créer une émulsion (entre une huile et la phase aqueuse) à l'intérieur de laquelle des micro-gouttelettes servent de centre de nucléation et limitent ainsi l'aggrégation des particules : c'est la synthèse par micelles inverses. L'utilisation de surfactants dans ce système permet d'utiliser leurs propriétés amphiphiles. Thermodynamiquement plus stables et arrangés en agrégats, les surfactants permettent la présence de micro-gouttelettes d'eau dans l'huile et les NCx nucléés peuvent ainsi rester en solution à l'intérieur de ces goutelettes sans présence de ligands. Cette technique de synthèse est très polyvalente car elle permet la synthèse de nombreux matériaux : semi-conducteurs, métaux, alliages et oxydes.

1.2.2.2   Synthèse par voie non-aqueuse à haute température

Suite à ces travaux concernant la synthèse en voie non-aqueuse, l'apparition de méthodes de synthèse par voie organique à haute température fut le départ du contrôle de la dispersion en taille des NCx. Contrairement à la présence de précurseurs ioniques dans les solvants aqueux, les précurseurs sont ici neutres et stabilisés dans un solvant coordinant à haut point d'ébullition. Cette méthode, premièrement introduite par MURRAY, NORRIS et BAWENDI en 1993, pour la synthèse de CdSe, a ouvert un domaine encore aujourd'hui bien actif. [46] L'élément important de cette approche est la dissociation de l'étape de nucléation et celle de croissance. LAMER et DINEGAR ont décrit le mécanisme de nucléation comme étant instantané (« nucleation burst ») et le graphe de la figure 1.12 donne un bon aperçu de la séparation de ces deux étapes.

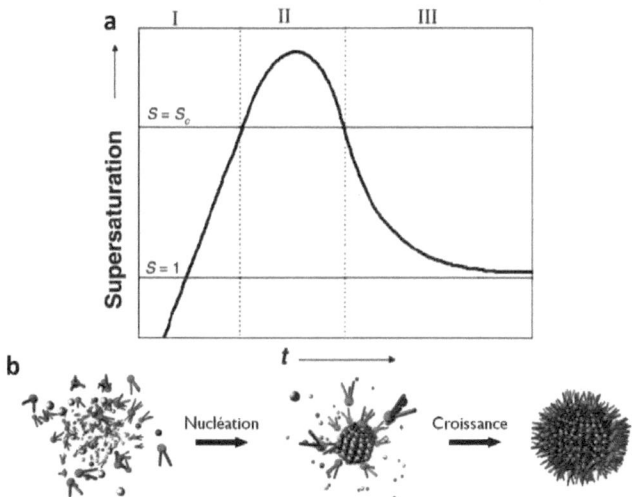

Fig. 1.12 – **a)** Diagramme de LaMer et Dinegar représentant le changement du degré de sursaturation S en fonction du temps avec le passage au dessus de la sursaturation critique S_c ; **b)** Schéma représentant les étapes de nucléation et de croissance.

Dans ce processus, les nuclei sont générés instantanément et croissent ensuite sans nucléation parasite postérieure. Cette condition ne peut être remplie que si la sursaturation (S) chute brutalement, ce qui est le cas après que la nucléation ait eu lieu. De plus, la nucléation homogène impose le dépassement d'un puits de potentiel, ce qui rend plus difficile toute nucléation parasite. Ce processus conditionne le contrôle de la dispersion en taille finale des NCx. [47]

- l'étape I représente l'ajout rapide de précurseur et mène à une augmentation croissante de la concentration en monomères (sous unité du cristal massif). Aucune nucléation n'apparaît à ce moment même si S > 1 car le puits de potentiel est trop élevé.

- lors de l'étape II, le taux de sursaturation critique S_C est dépassé ainsi que le puits de potentiel ce qui déclenche la nucléation. Celle-ci se caractérise par la formation et l'accumulation de nucléi stables thermodynamiquement. À ce moment, la vitesse de consommation des monomères et la vitesse de formation des nucléi sont extrêmement élevées, ce qui rend impossible leur croissance.

- il arrive un moment où la concentration en monomères (quantité finie) est en-dessous du seuil de nucléation, on amorce alors l'étape III, phase de croissance dans laquelle la population de monomères, insuffisante pour la nucléation, permet d'alimenter le processus de croissance des NCx. Ce processus dure jusqu'à ce que la sursaturation atteigne un niveau bas (S = 1) qui ne permet plus la croissance.

Expérimentalement, l'injection du deuxième précurseur doit se faire très rapidement, pour faire passer la concentration en monomères instantanément au-dessus de S_C, puis comme le nombre de nucléi formés sera grand, elle chutera en-dessous de S_C et empêchera une autre nucléation de se produire. La dispersion en taille sera alors étroite. Ensuite, les particules continueront leur croissance avec les monomères restants en solution. Lorsque la concentration en monomères est nulle, les particules subissent alors le phénomène de mûrissement d'Ostwald. Ce phénomène consiste à ce que les petites particules se dissolvent, et les grosses continuent leur croissance avec les monomères relachés par la dissolution des petites particules. Il est donc nécessaire d'éviter ce phénomène et d'arrêter la réaction avant qu'il ne se produise. La dispersion en taille obtenue après mûrissement peut atteindre jusqu'à 20 % et ainsi annuler l'effet bénéfique d'une synthèse à injection rapide.

Il est également possible de mettre tous les précurseurs dans le ballon au départ de la synthèse et chauffer pour atteindre la température de nucléation. Dans ce cas de figure, la sursaturation critique est atteinte par la température elle-même, ce qui permet de suivre l'évolution de la nucléation de la même manière que dans le cas d'une injection à chaud. Cependant, dans ce cas de figure, la dispersion en taille est moins facile à obtenir, toute l'issue de la réaction étant basée directement sur la réactivité des précurseurs. Cette technique, appelée **heating-up**, est utilisée avec succès pour la synthèse de NCx de Cu_2S par exemple.

1.2.2.3   Synthèse en solvant coordinant

Les premières synthèses en milieu non-aqueux ont été réalisées dans des solvants coordinants, c'est-à-dire que le solvant joue le rôle de complexant sur le précurseur. La réactivité de celui-ci est donc directement lié à la nature de ce solvant, soit par l'énergie de la liaison qui le lie au précurseur, soit par la géométrie de ce solvant, qui par gêne stérique, empêche l'accès au précurseur. Le choix du précurseur est également très important, deux principales voies de précurseur sont apparues, les précurseurs organométalliques et les précurseurs inorganiques.

Les **précurseurs organométalliques** sont des composés constitués du métal dont on veut qu'il agisse comme précurseur, et d'une partie alkyle e.g. le dimethylcadmium $Cd(Me)_2$. L'utilisation de surfactants pour mieux contrôler la réactivité des précurseurs a entraîné un meilleur contrôle de la taille des NCx lorsque l'hexadecylamine (HDA) fut introduite dans la synthèse. Cependant, il est nécessaire de trouver une bonne combinaison précurseur/solvant pour pouvoir contrôler la dispersion en taille des NCx et les précurseurs organométalliques sont généralement pyrophoriques ce qui complique leur utilisation.

Les **précurseurs inorganiques** sont généralement des sels inorganiques contenant le cation métallique désiré (oxydes, chlorures, acétates, stéarates...). Ces précurseurs sont moins dangereux, beaucoup plus abondants et souvent assez réactifs. L'utilisation de l'oxyde de cadmium complexé avec des acides phosphoniques dans la synthèse de CdSe donne lieu à des très petits NCx (2,5-5 nm), preuve de la haute réactivité de ce précurseur. Dans cette méthode de synthèse, il est également possible d'utiliser un mélange de surfactants en complément du solvant, comme l'HDA ou encore toute une variété d'acides phosphoniques ou carboxyliques.

1.2.2.4 Synthèse en solvant non-coordinant

Malgré leurs bons résultats sur le contrôle de la taille des NCx, les solvants coordinants sont souvent solides à température ambiante, relativement nocifs et surtout chers. Une nouvelle méthode a donc été développée : la synthèse en solvant non-coordinant. Le solvant n'étant plus coordinant, une quantité finie de ligands est donc nécessaire pour pouvoir complexer le précurseur et stabiliser les NCx en fin de synthèse. La réactivité est donc ici régie par les ligands et plus par le solvant, un bon choix du couple ligands/précurseur s'avère donc indispensable. Cette flexibilité dans le choix des solvants a permis de réaliser la synthèse de CdSe dans de l'huile d'olive, une prouesse remarquable pour une future baisse des coûts.

Il est donc possible de synthétiser des NCx par de nombreuses voies de synthèse avec ou sans solvant coordinant et en composant parmi le choix de précurseurs et de ligands disponibles. Il est important d'étudier quelques paramètres avant de se lancer dans la synthèse :
- la réactivité des couples précurseurs/solvants ou précurseurs/ligands doit être adéquate, ainsi que la réactivité des différents précurseurs (dans le cas de systèmes binaires, il est important que le précurseur A et le précurseur B injecté aient une réactivité proche pour qu'il y ait nucléation instantanée) ;
- la température et la durée de réaction doivent être ajustées suivant le diagramme de LaMer pour qu'il y ait une nucléation très courte et une croissance lente ;
- la synthèse doit être arrêtée avant que l'on entre dans le régime de mûrissement d'Ostwald.

Une fois la synthèse terminée, on obtient une solution colloïdale de NCx, c'est-à-dire que les NCx sont stabilisés par les surfactants dans le solvant.

1.2.3 Assemblage de films de nanocristaux

Si les propriétés des NCx en solution sont aujourd'hui bien connues, l'utilisation de films minces composés uniquement de NCx nécessite une meilleure connaissance de l'organisation des NCx, que ce soit dans la maîtrise de leurs ligands de surface ou dans leur auto-assemblage sur une surface. Enfin, l'investigation des propriétés électriques de ces couches minces est nécessaire avant une possible utilisation dans des dispositifs électroniques.

1.2.3.1 Échange de ligands

Les ligands, responsables à la fois de la cinétique de nucléation et de la croissance pendant la synthèse des NCx et de la stabilisation colloïdale en solution constituent le paramètre le plus important lors d'assemblage de films de NCx pour des applications électroniques. En effet, leur nature a un impact déterminant sur la conductivité finale du film. Généralement, les ligands longs permettent une bonne stabilisation colloïdale due à l'interaction favorable entre la chaîne alkyle et le solvant. Cependant, ces longs ligands jouent souvent le rôle d'isolant électrique et freinent le transport des charges d'un NC à l'autre. A l'inverse, les ligands courts favorisent l'agrégation des NCx entre eux mais augmentent la conductivité.

Il est donc nécessaire d'effectuer un échange de ligand entre le ligand de synthèse et celui nécessaire pour une bonne conduction. Il existe une grande bibliothèque de ligands disponibles commercialement, permettant de « choisir » les caractéristiques NCx/ligands que l'on souhaite. Il est également possible d'accéder à des ligands particuliers, non-commerciaux, permettant une bien meilleur conductivité, c'est le cas des ligands MCC (*metal chalcogenide complex*), dont la synthèse sera détaillée dans le chapitre 4. Une étude plus détaillée est réalisée dans ce chapitre.

1.2.3.2 Auto-assemblage

Les premiers assemblages de NCx datent de 1995 avec des NCx de CdSe. [48] Suite à ces travaux, la méthode a été généralisée à beaucoup de types de NCx, permettant l'assemblage d'une grande variété de matériaux, allant jusqu'à des super-réseaux ternaires. Dans ces assemblages, les NCx constituent les unités du réseau, agissant comme les atomes au sein d'un cristal. Ces solides artificiels, ou quasi-solides, sont issus de l'interaction de Van der Waals exercée entre les ligands de NCx voisins ainsi que de l'attraction entre leurs cœurs inorganiques. Leur assemblage est favorable énergétiquement par l'organisation de ces NCx les uns à côté des autres.

Expérimentalement, les super-réseaux sont analysés par deux principales techniques : la microscopie électronique en transmission (TEM) et la diffraction des rayons X aux petits angles (SAXS) qui permet de mesurer des couches très fines (de l'ordre du nanomètre). La première permet de visualiser les réseaux alors que la seconde permet de déterminer l'arrangement cristallographique de ces solides artificiels (comme le type AlB_2, $NaZn_{13}$ ou $MgZn_2$). Quelques exemples de super-réseaux binaires composés majoritairement de NCx de PbSe et de Pd sont exposés dans la Figure 1.13.

De nombreuses méthodes existent pour préparer ces super-réseaux de NCx, elles sont essentiellement basées sur l'augmentation du potentiel chimique, qui favorise la cristallisation d'une solution colloïdale. La formule du potentiel chimique est la suivante :

$$\mu = \mu^0 + kT.ln\left(\frac{c}{c^0}\right) \qquad (1.4)$$

Dans cette équation, μ^0 constitue l'énergie potentielle des particules alors que c représente la concentration de NCx dans le solvant. c^0 est la concentration standard. L'énergie potentiel par particule μ^0 peut être changée par l'ajout d'un mauvais solvant. Le potentiel chimique peut également varier si la concentration est réduite (par évaporation du solvant par exemple). La variation de ces paramètres va constituer la base des méthodes de préparation de super-réseaux résumées dans le tableau suivant.

Méthode	Structure obtenue	Références
Ajout d'un non-solvant à une solution colloïdale	Cristaux colloïdaux en 3D avec des facettes définies, composés d'un seul type de NCx	[48–50]
Drop-casting : La suspension mouille le substrat et le solvant s'évapore	Super-réseaux 2D, quasi 2D et 3D (un ou deux composés)	[48, 51–54]
Drop-casting : La suspension ne mouille pas le substrat, la goutte a un angle de contact élevé et le solvant s'évapore	Monocouche de NCx, super-réseaux 2D ou quasi 2D (un ou deux composés)	[55–60]
Dépôt de solutions concentrées + doctor blade	Films bien organisés en super-réseaux d'épaisseur contrôlée	[61, 62]
Substrat orienté par rapport à l'interface solution/air	Super-réseaux 2D, quasi-2D, 3D (un, deux ou trois composés)	[63–71]
Langmuir-Blodgett	Monochouches et bicouches de NCx	[72, 73]
Dip-coating	Formation couche-par-couche par accrochage électrostatique ou chimique	[74]

Tab. 1.1 – Tableau récapitulant les différentes méthodes pour effectuer des auto-assemblages de NCx.

La cristallisation par ajout de mauvais solvant augmente la valeur de μ^0 ce qui permet la formation de cristaux tridimensionnels par nucléation homogène. ROGACH et coll. ont montré que l'ajout d'un mauvais solvant mène lentement à la formation d'un petit nombre de nucléi et une croissance

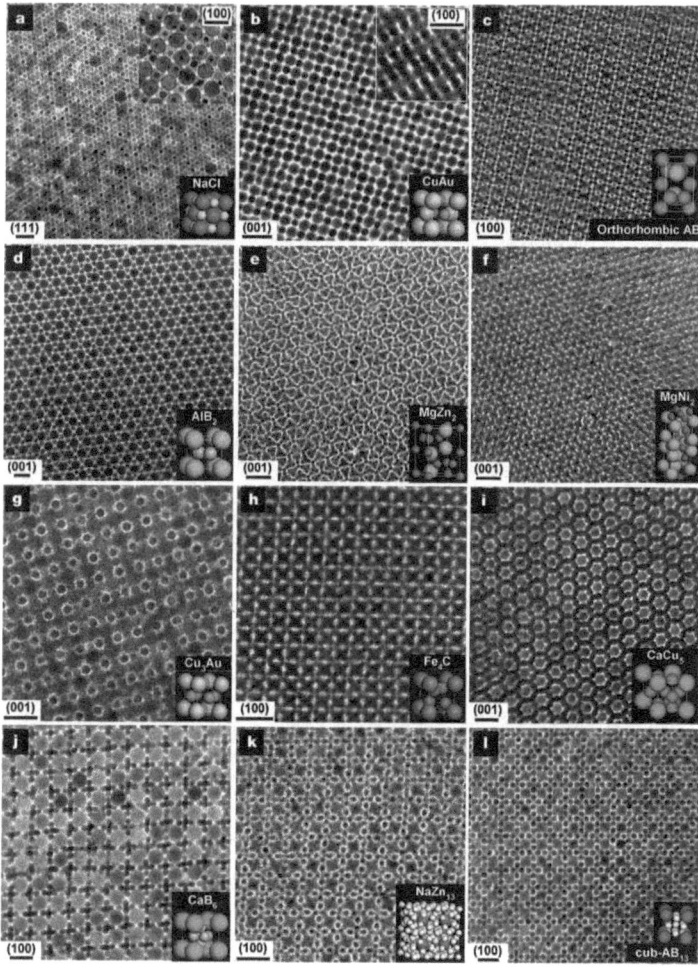

Fig. 1.13 – Images TEM de super-réseaux binaires auto-assemblés pour différents NCx et la maille élémentaire simulée correspondant à la structure tridimensionnelle. Les super-réseaux sont assemblés avec des NCx de **a)** γ-Fe$_2$O$_3$ de 13,4 nm et Au de 5,0 nm ; **b)** PbSe de 7,6 nm et Au de 5,0 nm ; **c)** PbSe de 6,2 nm et Pd de 3,0 nm ; **d)** PbS de 6,7 nm et Pd de 3,0 nm ; **e)** PbSe de 6,2 nm et Pd de 3,0 nm ; **f)** PbSe de 5,8 nm et Pd de 3,0 nm ; **g)** PbSe de 7,2 nm et Ag de 4,2 nm ; **h)** PbSe de 6,2 nm et Pd de 3,0 nm ; **i)** PbSe de 7,2 nm et Au de 5,0 nm ; **j)** PbSe de 5,8 nm et Pd de 3,0 nm ; **k)** PbSe de 7,2 nm et Ag de 4,2 nm ; **l)** PbSe de 6,2 nm et Pd de 3,0 nm ; L'échelle représente 20 nm (a-c, e, f, i-l) et 10 nm (d, g, h).

lente. Cette technique permet la formation de cristaux de symétrie hexagonale d'environ 100 µm composés de NCx de CdSe, CoPt$_3$ et FePt. [49]

La cristallisation par évaporation du solvant est de loin la méthode la plus utilisée pour la préparation de super-réseaux auto-organisés. Les paramètres permettant le contrôle de cette technique sont la nature du solvant, la concentration, la température, la pression, la géométrie du substrat, son orientation ainsi que sa nature. La vitesse d'évaporation du solvant reste le paramètre principal agissant sur l'organisation finale.

La formation par la technique de Langmuir-Blodgett s'effectue en déposant une goutte de solution concentrée de NCx sur de l'eau et le super-réseau est formé en réduisant la surface disponible par compression entre deux parois. Cette méthode permet le contrôle de la distance inter-particules ainsi que le nombre de monocouches souhaité.

1.2.3.3   Mesure de mobilité

La mesure de la mobilité de ces systèmes est primordiale pour une possible utilisation de ces super-réseaux dans des dispositifs. Les ligands, responsables de la stabilité en solution des NCx, jouent un rôle majeur dans la conduction des porteurs de charges. La Figure 1.14 montre l'évolution de la mobilité en fonction de la taille des molécules utilisées comme ligands. Les ligands mesurés ici sont des thiols, ligands qui par leur fonction S–H coordinent facilement les cations métalliques comme le Pb^{2+} ou le Cd^{2+} contenus dans les NCx. On observe sur ce graphe que la mobilité augmente d'environ un ordre de grandeur lorsque la longueur de la chaîne alkyle diminue d'un Angström. La constitution de films minces composés de NCx et de ligands devra intégrer des ligands permettant une mobilité élevée de la couche pour espérer les utiliser dans des dispositifs.

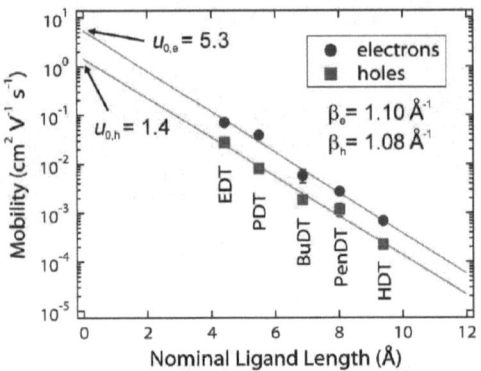

Fig. 1.14 – Mobilités des charges en fonction de la longueur des ligands pour un transistor à effet de champ composé de NCx de PbSe de 6,1 nm. EDT : 1,2-éthanedihtiol, PDT : 1,3-propanedithiol, BuDT : 1,4-butanedithiol, PenDT : 1,5-pentanedithiol ; HDT : 1,6-hexanedithiol. [75]

Plusieurs techniques existent pour mesurer la mobilité de ces films, souvent liée à l'épaisseur du film mesuré. Si la principale technique de mesure est le transistor à effet de champ, une multitude d'autres techniques existent comme la photoconductance, l'effet Hall ou le temps de vol (ToF). Les valeurs de mobilités mesurées par ces techniques sur des assemblages de NCx en films minces sont résumées dans le tableau 14.

Dans ce tableau, on observe que les ligands de type thiocyanate donnent aujourd'hui les meilleurs résultats en terme de mobilité. Il faut également noter que les NCx utilisés sont le PbS ou le CdSe, matériaux qui ont déjà fait leurs preuves comme couche active dans les cellules solaires à base de NCx. [18]. De plus, une importance toute particulière sera accordée aux ligands qui permettent de garder les NCx en solution et d'éviter ainsi un échange de ligands fait couche-par-couche, bien coûteux en temps lors du dépôt des NCx en films.

Type de NCx	Ligand	Épaisseur du film	Technique de mesure	Mobilité $(cm^2/(V.s))$	Référence
CdSe	1,2-Ethanedithiol	50 nm	Photo-conductance	$\mu_e = 0,002$	[76]
CdSe	1,2-Ethanediamine	50 nm	Photo-conductance	$\mu_e = 0,004$	[76]
CdSe	Phenylènediamine	20 nm	FET	$\mu_e = 0,01$	[77]
PbSe	N_2H_4 (hydrazine)	20 nm	FET	$\mu_e = 2,5$	[78]
CdSe	$Sn_2S_6^{4-}$ (MCC)	20-200 nm	FET	$\mu_e = 0,03$	[79]
CdSe	$(NH_2)_2S$	20-40 nm	FET	$\mu_e = 0,4$	[80]
PbTe	SCN^-	1,6 µm	Effet Hall	$\mu_h = 2,8 \pm 0,7$	[81]
PbS	SCN^-	60 nm	FET	$\mu_h = 0,13 \pm 0,06$ $\mu_e = 0,33 \pm 0,18$	[82]
CdSe	SCN^-	25-130 nm	FET	$\mu_h = 27$	[83]

Tab. 1.2 – Tableau récapitulant quelques valeurs de mobilités pour des films de NCx avec leur ligands.

1.2.4 Conclusion

Dans le chapitre 2, nous détaillerons les synthèses des différents matériaux effectuées au cours de cette thèse, ensuite, dans le chapitre 3, nous étudierons l'oxydation de surface d'un des matériaux (SnS) par la technique de spectroscopie Mössbauer. La fonctionalisation de surface ainsi que le dépôt de ces NCx, conditions nécessaires pour la réalisation de dispositifs, seront traitées dans le chapitre 4. Finalement, l'étude des NCx incorporés dans des dispositifs photovoltaïques, fera l'objet du chapitre 5.

Bibliographie

[1] RTE, « Statistiques de l'énergie en France en 2010 », rap. tech. (cité en pages vii, 6 et 7)

[2] WIKIPÉDIA.ORG, « Énergie en France ». (cité en pages vii et 7)

[3] WIKIPÉDIA.ORG, « Électricité en France ». (cité en pages vii et 7)

[4] EPIA, « Global Market Outlook For Photovoltaics until 2016 », rap. tech., 2012. (cité en pages vii et 7)

[5] EPIA, « Solar Photovoltaics competing in the energy sector », rap. tech., 2011. (cité en page 8)

[6] C. FRITTS, « New form of selenium cell, with some remarkable electrical discoveries made by its use », *Proc. Am. Assoc. Adv. Sci.*, vol. 33, p. 97, 1883. (cité en page 8)

[7] D. REYNOLDS, G. LEIES, L. ANTES et R. MARBURGER, « Photovoltaic Effect in Cadmium Sulfide », *Physical Review*, vol. 96, p. 533–534, oct. 1954. (cité en page 8)

[8] W. SHOCKLEY et H. J. QUEISSER, « Detailed Balance Limit of Efficiency of p-n Junction Solar Cells », *Journal of Applied Physics*, vol. 32, p. 510, mars 1961. (cité en pages 1 et 9)

[9] M. A. GREEN, K. EMERY, Y. HISHIKAWA, W. WARTA et E. D. DUNLOP, « Solar cell efficiency tables (version 39) », *Progress in Photovoltaics : Research and Applications*, vol. 20, p. 12–20, jan. 2012. (cité en page 10)

[10] C. M. FELLA, A. R. UHL, Y. E. ROMANYUK et A. N. TIWARI, « Cu2ZnSnSe4 absorbers processed from solution deposited metal salt precursors under different selenization conditions », *physica status solidi (a)*, vol. 209, p. n/a–n/a, avril 2012. (cité en page 10)

[11] G. M. ILARI, C. M. FELLA, C. ZIEGLER, A. R. UHL, Y. E. ROMANYUK et A. N. TIWARI, « solar cell absorbers spin-coated from amine-containing ether solutions », *Solar Energy Materials and Solar Cells*, vol. 104, p. 125–130, sept. 2012. (cité en page 10)

[12] S. BAG, O. GUNAWAN, T. GOKMEN, Y. ZHU, T. K. TODOROV et D. B. MITZI, « Low band gap liquid-processed CZTSe solar cell with 10.1% efficiency », *Energy & Environmental Science*, vol. 5, no. 5, p. 7060, 2012. (cité en page 10)

[13] D. A. R. BARKHOUSE, O. GUNAWAN, T. GOKMEN, T. K. TODOROV et D. B. MITZI, « Device characteristics of a 10.1% hydrazine-processed Cu2ZnSn(Se,S)4 solar cell », *Progress in Photovoltaics : Research and Applications*, vol. 20, p. 6–11, jan. 2012. (cité en page 10)

[14] T. K. TODOROV, O. GUNAWAN, T. GOKMEN et D. B. MITZI, « Solution-processed Cu(In,Ga)(S,Se)2 absorber yielding a 15.2% efficient solar cell », *Progress in Photovoltaics : Research and Applications*, p. n/a–n/a, jan. 2012. (cité en page 10)

[15] J. M. LUTHER, M. LAW, M. C. BEARD, Q. SONG, M. O. REESE, R. J. ELLINGSON et A. J. NOZIK, « Schottky solar cells based on colloidal nanocrystal films. », *Nano letters*, vol. 8, p. 3488–92, oct. 2008. (cité en pages vii, 2, 11, 41, 84 et 107)

[16] G. I. KOLEILAT, L. LEVINA, H. SHUKLA, S. H. MYRSKOG, S. HINDS, A. G. PATTANTYUS-ABRAHAM et E. H. SARGENT, « Efficient, Stable Infrared Photovoltaics Quantum Dots », *ACS nano*, vol. 2, no. 5, p. 833–840, 2008. (cité en pages 11 et 87)

[17] W. MA, S. L. SWISHER, T. EWERS, J. ENGEL, V. E. FERRY, H. A. ATWATER et A. P. ALIVISATOS, « Photovoltaic performance of ultrasmall PbSe quantum dots. », *ACS nano*, vol. 5, p. 8140–7, oct. 2011. (cité en page 12)

[18] J. TANG, K. W. KEMP, S. HOOGLAND, K. S. JEONG, H. LIU, L. LEVINA, M. FURUKAWA, X. WANG, R. DEBNATH, D. CHA, K. W. CHOU, A. FISCHER, A. AMASSIAN, J. B. ASBURY et E. H. SARGENT, « Colloidal-quantum-dot photovoltaics using atomic-ligand passivation. », *Nature materials*, vol. 10, p. 765–71, oct. 2011. (cité en pages vii, 13, 24, 41 et 87)

[19] X. WANG, G. I. KOLEILAT, J. TANG, H. LIU, I. J. KRAMER, R. DEBNATH, L. BRZOZOWSKI, D. A. R. BARKHOUSE, L. LEVINA, S. HOOGLAND et E. H. SARGENT, « Tandem colloidal quantum dot solar cells employing a graded recombination layer », *Nature Photonics*, vol. 5, p. 480–484, juin 2011. (cité en pages 2, 12, 41 et 87)

[20] R. Rossetti et L. Brus, « Electron-hole recombination emission as a probe of surface chemistry in aqueous cadmium sulfide colloids », *The Journal of Physical Chemistry*, vol. 86, p. 4470–4472, nov. 1982. (cité en pages 14, 19 et 48)

[21] R. Rossetti, S. Nakahara et L. E. Brus, « Quantum size effects in the redox potentials, resonance Raman spectra, and electronic spectra of CdS crystallites in aqueous solution », *The Journal of Chemical Physics*, vol. 79, p. 1086–1088, juil. 1983. (cité en pages 14, 19 et 48)

[22] L. E. Brus, « Electron–electron and electron-hole interactions in small semiconductor crystallites : The size dependence of the lowest excited electronic state », *The Journal of Chemical Physics*, vol. 80, p. 4403, mai 1984. (cité en pages 14, 19 et 34)

[23] L. Brus, « Electronic wave functions in semiconductor clusters : experiment and theory », *The Journal of Physical Chemistry*, vol. 90, p. 2555–2560, juin 1986. (cité en pages 14, 19 et 34)

[24] C. Kittel, *Physique de l'état solide*. Dunod, 1983. (cité en page 14)

[25] P. Reiss et F. Chandezon, « Nanocristaux semi-conducteurs fluorescents », *Techniques de l'Ingénieur*, vol. TI155, no. NM 2 030, p. 1–15, 2004. (cité en pages vii et 15)

[26] S. L. Cumberland, K. M. Hanif, A. Javier, G. A. Khitrov, G. F. Strouse, S. M. Woessner et C. S. Yun, « Inorganic Clusters as Single-Source Precursors for Preparation of CdSe, ZnSe, and CdSe/ZnS Nanomaterials », *Chemistry of Materials*, vol. 14, p. 1576–1584, avril 2002. (cité en page 15)

[27] W. W. Yu, Y. A. Wang et X. Peng, « Formation and Stability of Size-, Shape-, and Structure-Controlled CdTe Nanocrystals : Ligand Effects on Monomers and Nanocrystals », *Chemistry of Materials*, vol. 15, p. 4300–4308, nov. 2003. (cité en page 15)

[28] A. Delattre, S. Pouget, J.-F. Jacquot, Y. Samson et P. Reiss, « Stable colloidal solutions of high-temperature-annealed L10 FePt nanoparticles. », *Small*, vol. 6, p. 932–6, mai 2010. (cité en page 15)

[29] M. Delalande, M. J.-F. Guinel, L. F. Allard, A. Delattre, R. Le Bris, Y. Samson, P. Bayle-Guillemaud et P. Reiss, « L 1 0 Ordering of Ultrasmall FePt Nanoparticles Revealed by TEM In Situ Annealing », *The Journal of Physical Chemistry C*, vol. 116, p. 6866–6872, mars 2012. (cité en page 15)

[30] P. Reiss, *Semiconductor Nanocrystal Quantum Dots*. Vienna : Springer, 2008. (cité en pages vii et 16)

[31] S. Tamang, *Synthèse et fonctionalisation des nanocristaux émettant dans le proche infrarouge pour l'imagerie biologique*. Thèse de doctorat, Université de Grenoble, 2011. (cité en pages vii, 16, 45 et 46)

[32] F. Wang et X. Liu, « Recent advances in the chemistry of lanthanide-doped upconversion nanocrystals. », *Chemical Society reviews*, vol. 38, p. 976–89, avril 2009. (cité en page 16)

[33] A. Zabet-Khosousi et A.-A. Dhirani, « Charge transport in nanoparticle assemblies. », *Chemical reviews*, vol. 108, p. 4072–124, oct. 2008. (cité en pages 16 et 76)

[34] R. Chandler, A. Houtepen, J. Nelson et D. Vanmaekelbergh, « Electron transport in quantum dot solids : Monte Carlo simulations of the effects of shell filling, Coulomb repulsions, and site disorder », *Physical Review B*, vol. 75, fév. 2007. (cité en page 16)

[35] D. V. Talapin, J.-S. Lee, M. V. Kovalenko et E. V. Shevchenko, « Prospects of colloidal nanocrystals for electronic and optoelectronic applications. », *Chemical reviews*, vol. 110, p. 389–458, jan. 2010. (cité en pages 17 et 76)

[36] P. Guyot-Sionnest, « Electrical Transport in Colloidal Quantum Dot Films », *The Journal of Physical Chemistry Letters*, vol. 3, p. 1169–1175, mai 2012. (cité en page 17)

[37] P. Liljeroth, P. van Emmichoven, S. Hickey, H. Weller, B. Grandidier, G. Allan et D. Vanmaekelbergh, « Density of States Measured by Scanning-Tunneling Spectroscopy Sheds New Light on the Optical Transitions in PbSe Nanocrystals », *Physical Review Letters*, vol. 95, août 2005. (cité en pages vii et 17)

[38] P. LILJEROTH, K. OVERGAAG, A. URBIETA, B. GRANDIDIER, S. HICKEY et D. VANMAEKEL-BERGH, « Variable Orbital Coupling in a Two-Dimensional Quantum-Dot Solid Probed on a Local Scale », *Physical Review Letters*, vol. 97, sept. 2006. (cité en pages vii et 17)

[39] P. REISS, M. PROTIÈRE et L. LI, « Core/Shell semiconductor nanocrystals. », *Small*, vol. 5, p. 154–68, fév. 2009. (cité en pages 17 et 45)

[40] S. ITHURRIA, P. GUYOT-SIONNEST, B. MAHLER et B. DUBERTRET, « Mn2+ as a Radial Pressure Gauge in Colloidal Core/Shell Nanocrystals », *Physical Review Letters*, vol. 99, déc. 2007. (cité en page 18)

[41] M. V. KOVALENKO, R. D. SCHALLER, D. JARZAB, M. A. LOI et D. V. TALAPIN, « Inorganically functionalized PbS-CdS colloidal nanocrystals : integration into amorphous chalcogenide glass and luminescent properties. », *Journal of the American Chemical Society*, vol. 134, p. 2457–60, fév. 2012. (cité en page 18)

[42] A. FIORE, R. MASTRIA, M. G. LUPO, G. LANZANI, C. GIANNINI, E. CARLINO, G. MORELLO, M. DE GIORGI, Y. LI, R. CINGOLANI et L. MANNA, « Tetrapod-shaped colloidal nanocrystals of II-VI semiconductors prepared by seeded growth. », *Journal of the American Chemical Society*, vol. 131, p. 2274–82, fév. 2009. (cité en page 18)

[43] L. CARBONE, C. NOBILE, M. DE GIORGI, F. D. SALA, G. MORELLO, P. POMPA, M. HYTCH, E. SNOECK, A. FIORE, I. R. FRANCHINI, M. NADASAN, A. F. SILVESTRE, L. CHIODO, S. KUDERA, R. CINGOLANI, R. KRAHNE et L. MANNA, « Synthesis and micrometer-scale assembly of colloidal CdSe/CdS nanorods prepared by a seeded growth approach. », *Nano letters*, vol. 7, p. 2942–50, oct. 2007. (cité en pages 18, 48 et 128)

[44] A. FOJTIK, H. WELLER, U. KOCH et A. HENGLEIN, « Photo-Chemistry of Colloidal Metal sulfides - Part 8. Photo-Physics of Extremely Small CdS Particles : Q-State CdS and Magic Agglomeration Numbers. », *Berichte der Bunsengesellschaft/Physical Chemistry Chemical Physics*, vol. 88, no. 10, p. 969–977, 1984. (cité en pages 19 et 48)

[45] L. SPANHEL, M. HAASE, H. WELLER et A. HENGLEIN, « Photochemistry of colloidal semiconductors. 20. Surface modification and stability of strong luminescing CdS particles », *Journal of the American Chemical Society*, vol. 109, p. 5649–5655, sept. 1987. (cité en pages 19 et 48)

[46] C. B. MURRAY, D. J. NORRIS et M. G. BAWENDI, « Synthesis and characterization of nearly monodisperse CdE (E = sulfur, selenium, tellurium) semiconductor nanocrystallites », *Journal of the American Chemical Society*, vol. 115, p. 8706–8715, sept. 1993. (cité en pages 19, 38, 48 et 77)

[47] M. PROTIÈRE et P. REISS, « Amine-induced growth of an In2O3 shell on colloidal InP nanocrystals », *Chemical Communications*, no. 23, p. 2417, 2007. (cité en pages 20 et 65)

[48] C. MURRAY, C. KAGAN et M. G. BAWENDI, « Self-Organization of CdSe Nanocrystallites into Three-Dimensional Quantum Dot Superlattices », *Science*, vol. 270, no. 5240, p. 1335–1338, 1995. (cité en page 22)

[49] A. ROGACH, D. TALAPIN, E. SHEVCHENKO, A. KORNOWSKI, M. HAASE et H. WELLER, « Organization of Matter on Different Size Scales : Monodisperse Nanocrystals and Their Superstructures », *Advanced Functional Materials*, vol. 12, p. 653–664, oct. 2002. (cité en pages 22 et 23)

[50] R. KOOLE, P. LILJEROTH, C. DE MELLO DONEGÁ, D. VANMAEKELBERGH et A. MEIJERINK, « Electronic Coupling and Exciton Energy Transfer in CdTe Quantum-Dot Molecules [J. Am. Chem. Soc. 2006 , 128 , 1043610441]. », *Journal of the American Chemical Society*, vol. 129, p. 10613–10613, août 2007. (cité en page 22)

[51] C. J. KIELY, J. FINK, M. BRUST, D. BETHELL et D. J. SCHIFFRIN, « Spontaneous ordering of bimodal ensembles of nanoscopic gold clusters », *Nature*, vol. 396, p. 444–446, déc. 1998. (cité en page 22)

[52] S.-H. KIM, G. MEDEIROS-RIBEIRO, D. A. A. OHLBERG, R. S. WILLIAMS et J. R. HEATH, « Individual and Collective Electronic Properties of Ag Nanocrystals », *The Journal of Physical Chemistry B*, vol. 103, p. 10341–10347, nov. 1999. (cité en page 22)

[53] V. F. PUNTES, P. GOROSTIZA, D. M. ARUGUETE, N. G. BASTUS et A. P. ALIVISATOS, « Collective behaviour in two-dimensional cobalt nanoparticle assemblies observed by magnetic force microscopy. », *Nature materials*, vol. 3, p. 263–8, avril 2004. (cité en page 22)

[54] S. CONNOLLY, S. FULLAM, B. KORGEL et D. FITZMAURICE, « Time-Resolved Small-Angle X-ray Scattering Studies of Nanocrystal Superlattice Self-Assembly », *Journal of the American Chemical Society*, vol. 120, p. 2969–2970, avril 1998. (cité en page 22)

[55] T. P. BIGIONI, X.-M. LIN, T. T. NGUYEN, E. I. CORWIN, T. A. WITTEN et H. M. JAEGER, « Kinetically driven self assembly of highly ordered nanoparticle monolayers. », *Nature materials*, vol. 5, p. 265–70, avril 2006. (cité en page 22)

[56] A. DONG, J. CHEN, P. M. VORA, J. M. KIKKAWA et C. B. MURRAY, « Binary nanocrystal superlattice membranes self-assembled at the liquid-air interface. », *Nature*, vol. 466, p. 474–7, juil. 2010. (cité en page 22)

[57] J. CHEN, A. DONG, J. CAI, X. YE, Y. KANG, J. M. KIKKAWA et C. B. MURRAY, « Collective Dipolar Interactions in Self-Assembled Magnetic Binary Nanocrystal Superlattice Membranes. », *Nano letters*, vol. 10, p. 5103–5108, nov. 2010. (cité en page 22)

[58] S. NARAYANAN, J. WANG et X.-M. LIN, « Dynamical Self-Assembly of Nanocrystal Superlattices during Colloidal Droplet Evaporation by in situ Small Angle X-Ray Scattering », *Physical Review Letters*, vol. 93, sept. 2004. (cité en page 22)

[59] J. CHEN, X. YE et C. B. MURRAY, « Systematic electron crystallographic studies of self-assembled binary nanocrystal superlattices. », *ACS nano*, vol. 4, p. 2374–81, avril 2010. (cité en page 22)

[60] S. SUN, « Monodisperse FePt Nanoparticles and Ferromagnetic FePt Nanocrystal Superlattices », *Science*, vol. 287, p. 1989–1992, mars 2000. (cité en page 22)

[61] M. I. BODNARCHUK, M. V. KOVALENKO, S. PICHLER, G. FRITZ-POPOVSKI, G. HESSER et W. HEISS, « Large-area ordered superlattices from magnetic Wustite/cobalt ferrite core/shell nanocrystals by doctor blade casting. », *ACS nano*, vol. 4, p. 423–31, jan. 2010. (cité en page 22)

[62] S. PICHLER, M. I. BODNARCHUK, M. V. KOVALENKO, M. YAREMA, G. SPRINGHOLZ, D. V. TALAPIN et W. HEISS, « Evaluation of ordering in single-component and binary nanocrystal superlattices by analysis of their autocorrelation functions. », *ACS nano*, vol. 5, p. 1703–12, mars 2011. (cité en page 22)

[63] F. X. REDL, K.-S. CHO, C. B. MURRAY et S. O'BRIEN, « Three-dimensional binary superlattices of magnetic nanocrystals and semiconductor quantum dots. », *Nature*, vol. 423, p. 968–71, juin 2003. (cité en page 22)

[64] E. V. SHEVCHENKO, D. V. TALAPIN, S. O'BRIEN et C. B. MURRAY, « Polymorphism in AB(13) nanoparticle superlattices : an example of semiconductor-metal metamaterials. », *Journal of the American Chemical Society*, vol. 127, p. 8741–7, juin 2005. (cité en page 22)

[65] E. V. SHEVCHENKO, D. V. TALAPIN, N. A. KOTOV, S. O'BRIEN et C. B. MURRAY, « Structural diversity in binary nanoparticle superlattices. », *Nature*, vol. 439, p. 55–9, jan. 2006. (cité en pages 22 et 84)

[66] D. V. TALAPIN, E. V. SHEVCHENKO, M. I. BODNARCHUK, X. YE, J. CHEN et C. B. MURRAY, « Quasicrystalline order in self-assembled binary nanoparticle superlattices. », *Nature*, vol. 461, p. 964–7, oct. 2009. (cité en page 22)

[67] K. OVERGAAG, W. EVERS, B. de NIJS, R. KOOLE, J. MEELDIJK et D. VANMAEKELBERGH, « Binary superlattices of PbSe and CdSe nanocrystals. », *Journal of the American Chemical Society*, vol. 130, p. 7833–5, juin 2008. (cité en page 22)

[68] Z. CHEN, J. MOORE, G. RADTKE, H. SIRRINGHAUS et S. O'BRIEN, « Binary nanoparticle super-lattices in the semiconductor-semiconductor system : CdTe and CdSe. », *Journal of the American Chemical Society*, vol. 129, p. 15702–9, déc. 2007. (cité en pages 22 et 84)

[69] C. LU, Z. CHEN et S. O'BRIEN, « Optimized Conditions for the Self-Organization of CdSe-Au and CdSe-CdSe Binary Nanoparticle Superlattices », *Chemistry of Materials*, vol. 20, p. 3594–3600, juin 2008. (cité en page 22)

[70] H. FRIEDRICH, C. J. GOMMES, K. OVERGAAG, J. D. MEELDIJK, W. H. EVERS, B. de NIJS, M. P. BONESCHANSCHER, P. E. de JONGH, A. J. VERKLEIJ, K. P. de JONG, A. van BLAADEREN et D. VANMAEKELBERGH, « Quantitative structural analysis of binary nanocrystal superlattices by electron tomography. », *Nano letters*, vol. 9, p. 2719–24, juil. 2009. (cité en page 22)

[71] W. H. EVERS, B. DE NIJS, L. FILION, S. CASTILLO, M. DIJKSTRA et D. VANMAEKELBERGH, « Entropy-driven formation of binary semiconductor-nanocrystal superlattices. », *Nano letters*, vol. 10, p. 4235–41, oct. 2010. (cité en page 22)

[72] B. O. DABBOUSI, C. B. MURRAY, M. F. RUBNER et M. G. BAWENDI, « Langmuir-Blodgett Manipulation of Size-Selected CdSe Nanocrystallites », *Chemistry of Materials*, vol. 6, p. 216–219, fév. 1994. (cité en page 22)

[73] F. REMACLE, K. C. BEVERLY, J. R. HEATH et R. D. LEVINE, « Gating the Conductivity of Arrays of Metallic Quantum Dots », *The Journal of Physical Chemistry B*, vol. 107, p. 13892–13901, déc. 2003. (cité en page 22)

[74] G. M. LOWMAN, S. L. NELSON, S. M. GRAVES, G. F. STROUSE et S. K. BURATTO, « Polyelec-trolyteQuantum Dot Multilayer Films Fabricated by Combined Layer-by-Layer Assembly and LangmuirSchaefer Deposition », *Langmuir*, vol. 20, p. 2057–2059, mars 2004. (cité en page 22)

[75] Y. LIU, M. GIBBS, J. PUTHUSSERY, S. GAIK, R. IHLY, H. W. HILLHOUSE et M. LAW, « Dependence of carrier mobility on nanocrystal size and ligand length in PbSe nanocrystal solids. », *Nano letters*, vol. 10, p. 1960–9, mai 2010. (cité en pages viii, 24, 76, 78 et 82)

[76] E. TALGORN, E. MOYSIDOU, R. D. ABELLON, T. J. SAVENIJE, A. GOOSSENS, A. J. HOUTEPEN et L. D. A. SIEBBELES, « Highly Photoconductive CdSe Quantum-Dot Films : Influence of Capping Molecules and Film Preparation Procedure », *The Journal of Physical Chemistry C*, vol. 114, p. 3441–3447, mars 2010. (cité en page 25)

[77] D. YU, C. WANG et P. GUYOT-SIONNEST, « n-Type conducting CdSe nanocrystal solids. », *Science*, vol. 300, p. 1277–80, mai 2003. (cité en pages 25, 48, 76 et 78)

[78] D. V. TALAPIN et C. B. MURRAY, « PbSe nanocrystal solids for n- and p-channel thin film field-effect transistors. », *Science*, vol. 310, p. 86–9, oct. 2005. (cité en pages 25 et 76)

[79] M. V. KOVALENKO, M. SCHEELE et D. V. TALAPIN, « Colloidal nanocrystals with molecular metal chalcogenide surface ligands. », *Science*, vol. 324, p. 1417–20, juin 2009. (cité en pages 25 et 81)

[80] A. NAG, M. V. KOVALENKO, J.-S. LEE, W. LIU, B. SPOKOYNY et D. V. TALAPIN, « Metal-free inorganic ligands for colloidal nanocrystals : S2-, HS-, Se2-, HSe-, Te2-, HTe-, TeS3(2-), OH-, and NH2- as surface ligands. », *Journal of the American Chemical Society*, vol. 133, p. 10612–20, juil. 2011. (cité en page 25)

[81] A. T. FAFARMAN, W.-k. KOH, B. T. DIROLL, D. K. KIM, D.-K. KO, S. J. OH, X. YE, V. DOAN-NGUYEN, M. R. CRUMP, D. C. REIFSNYDER, C. B. MURRAY et C. R. KAGAN, « Thiocyanate-capped nanocrystal colloids : vibrational reporter of surface chemistry and solution-based route to enhanced coupling in nanocrystal solids. », *Journal of the American Chemical Society*, vol. 133, p. 15753–61, oct. 2011. (cité en page 25)

[82] W.-K. KOH, S. R. SAUDARI, A. T. FAFARMAN, C. R. KAGAN et C. B. MURRAY, « Thiocyanate-capped PbS nanocubes : ambipolar transport enables quantum dot based circuits on a flexible substrate. », *Nano letters*, vol. 11, p. 4764–7, nov. 2011. (cité en page 25)

[83] J.-H. CHOI, A. T. FAFARMAN, S. J. OH, D.-K. KO, D. K. KIM, B. T. DIROLL, S. MURAMOTO, J. G. GILLEN, C. B. MURRAY et C. R. KAGAN, « Bandlike transport in strongly coupled and doped quantum dot solids : a route to high-performance thin-film electronics. », *Nano letters*, vol. 12, p. 2631–8, mai 2012. (cité en page 25)

Chapitre 2

Synthèse de nanocristaux

Sommaire

2.1 Synthèse de nanocristaux ternaires : CuInSe$_2$

2.1.1 Etat de l'art

Le système ternaire CuInSe$_2$ (CIS) est un matériau semi-conducteur possédant un gap direct de 1 eV adéquat pour une conversion efficace du spectre solaire. [1] Ce matériau dérivé du système quaternaire Cu(In,Ga)Se$_2$ (CIGS) a récemment prouvé son efficacité comme couche active avec un rendement de cellules supérieur à 20 % avec une composition CuIn$_{0,7}$Ga$_{0,3}$Se$_2$, ouvrant ainsi la voie directe au remplacement des cellules à base de silicium. [2] Les techniques actuelles permettant le dépôt de ces couches actives sont essentiellement basées sur des techniques utilisant un vide poussé, pesant fort sur le prix final des cellules. Afin de faire chuter les coûts de production, des techniques de dépôt par voie liquide ont vu le jour, notamment à travers des encres composées de nanocristaux colloïdaux de CIGS et de CIS. [3–8] Des développements des paramètres de synthèses ont suivis rapportant des nanocristaux de forme triangulaires, [9] de forme sphérique, [10] ou également sur la compréhension des mécanismes de formation de ces nanocristaux. [11, 12] Beaucoup d'articles suivirent au niveau des applications, avec leur utilisation en cellules solaires, [4, 13, 14] pour l'imagerie in vivo, [15, 16] ou pour des photodetecteurs. [17] Considérant un gap direct pour le matériau massif de 1 eV, on peut envisager d'augmenter ce gap en réduisant la taille des nanocristaux, profitant du confinement quantique. Les travaux de CASTRO et coll. [18] rapportent une valeur du rayon de Bohr de 10,6 nm, permettant d'envisager un confinement quantique pour des nanocristaux de diamètre inférieur à 21 nm.

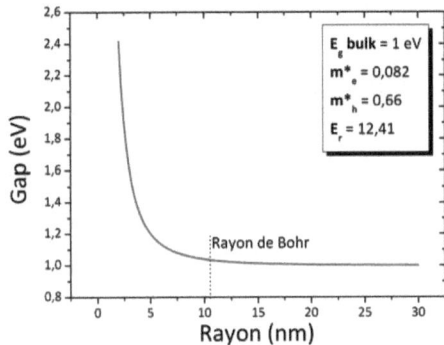

Fig. 2.1 – Effet du confinement quantique sur le gap électronique en fonction de la taille des particules de CuInSe$_2$ calculé avec les paramètres donnés par Castro et coll. [18]

Le calcul du confinement est effectué grâce aux équations données par BRUS et la courbe est tracée selon l'équation développée dans le chapitre 1. [19, 20] Ce qu'il est intéressant de noter est que le rayon de Bohr est assez élevé ce qui est une des conditions pour espérer tirer avantage du confinement. En effet, diminuer la taille des nanocristaux en dessous de 20 nm est envisageable pour ce matériau. Pour des applications photovoltaïques, le gap idéal se situe autour de 1,5 eV, ce qui correspond à une taille de nanocristaux de 6-7 nm. De plus, la perspective de varier le gap de 1 à 1,5 eV ou plus, paraît idéale pour leur utilisation dans des cellules solaires à multi-jonctions. Ceci permettrait également de se passer du gallium qui est habituellement inséré dans ce matériau pour passer le gap de 1 à environ 2 eV. Le contrôle de la dispersion en taille des ces nanocristaux est un défi qui reste entier, tant il est difficile de contrôler la dispersion de systèmes ternaires. Il n'existe pas dans la littérature aujourd'hui un protocole reproductible permettant l'obtention d'une gamme de taille de nanocristaux de CuInSe$_2$ avec une dispersion de taille étroite.

Tous les protocoles des synthèses décrites dans ce chapitre sont détaillés dans l'annexe A.

2.1.2 Approche par « heating up »

L'approche par « heating up » consiste à mettre tous les précurseurs dans le ballon au départ et de monter la température jusqu'à la température de nucléation du matériau. L'augmentation rapide de la température permet de générer une sursaturation rapide qui découle sur une nucléation rapide des germes. Les premiers protocoles apparus sur la synthèse de $CuInSe_2$ utilisent cette méthode. Nous avons donc essayé cette procédure en mélangeant les précurseurs de cuivre, d'indium et de sélénium ensemble. Nous nous sommes basés sur l'article de KORGEL et coll. [3] qui traite de la synthèse de $CuGaSe_2$, de $CuInSe_2$ et de $Cu(In,Ga)Se_2$. La synthèse s'effectue dans de l'oleylamine qui sert de solvant et de surfactant. Les détails de cette synthèse sont expliqués en annexe.

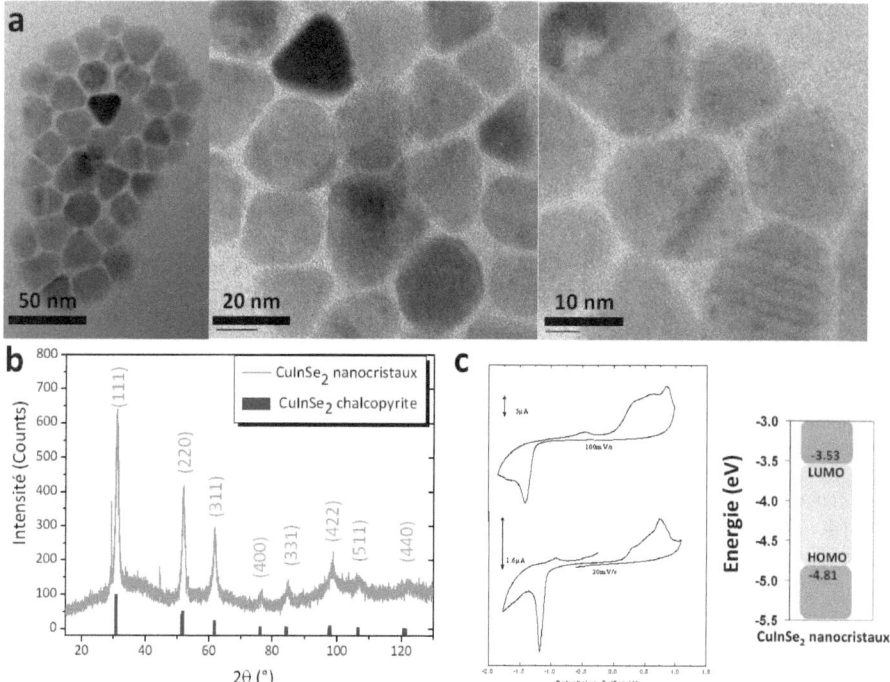

Fig. 2.2 – **a)** Images TEM des nanocristaux de $CuInSe_2$ synthétisés par heating-up. Les nanocristaux font environ 15 nm ; **b)** Diffractogramme RX de poudre de nanocristaux de $CuInSe_2$ ainsi que leur référence à une phase chalcopyrite du massif ; **c)** Voltammétrie cyclique des nanocristaux déposés sur une électrode de platine avec deux vitesses de balayages différentes et les niveaux électroniques HOMO et LUMO extrait de ces courbes.

Les images TEM montrent des particules d'environ 15 nm de diamètre (Figure 2.2b). La dispersion en taille est de l'ordre de 30 %, les particules sont polymorphes et existent sous trois formes : triangulaire, circulaire et cubique. Les particules triangulaires ont même tendance à se transformer en hexagone.

Les mesures électrochimiques de voltammétrie cyclique permettent d'accéder aux niveaux électroniques du matériau. Elles permettent en fait de mesurer le potentiel redox du matériau et il est possible d'assimiler le potentiel d'oxydation au dernier niveau peuplé d'électron (*Highest Occupied Molecular Orbital* : HOMO). Similairement, le potentiel de réduction peut être attribué au premier niveau inoccupé d'électrons (*Lowest Unoccupied Molecular Orbital* : LUMO). La mesure est faite par rapport au potentiel redox du ferrocène mesuré dans les mêmes conditions. Les équations suivantes permettent de remonter aux valeurs électroniques des niveaux HOMO et LUMO : [21, 22]

$$E_{\text{HOMO}} \text{ (eV)} = -[E_{ox}^{\circ\prime}(V_{\text{Fe+/Fe}}) + 4, 8] \tag{2.1}$$

$$E_{\text{LUMO}} \text{ (eV)} = -[E_{red}^{\circ\prime}(V_{\text{Fe+/Fe}}) + 4, 8] \tag{2.2}$$

Nous avons donc mesuré nos nanocristaux de CuInSe$_2$ en les déposant sur une électrode de platine, avec un fil de platine comme contre-électrode et un fil d'argent comme pseudo-électrode de référence (Figure 2.2b). Afin de bien calibrer notre système, il est nécessaire de mesurer après la mesure le potentiel redox du ferrocène pour contrôler que le système ne dérive pas. La valeur de 4,8 eV pour le ferrocène est à prendre également avec précaution comme discuté dans les travaux BAZAN [22]. La mesure nous donne un niveau HOMO de -4,81 eV et un niveau LUMO de -3,53 eV par rapport au vide. Ces valeurs sont en accord avec celles données par ARICI et coll. qui observent des valeurs proches. [23] Le gap peut être extrait de ces valeurs comme étant 1,28 eV, ce qui supposerait que les particules sont sous l'effet du confinement quantique mais compte tenu de la dispersion en taille des nanocristaux, il serait prématuré de tirer ici des conclusions. Si on se reporte au calcul, un gap de 1,3 eV correspond à une taille de particules de 10 nm environ, ici les particules mesurent en moyenne 15 nm.

Le diffractogramme des rayons X sur poudre réalisé (Figure 2.2c) laisse apparaître des pics fins et intenses se reprochant le plus à une phase tetragonale de groupe d'espace *I-42d* (a = 5,781 Å, b = 5,781 Å et c = 11,642 Å) typique des matériaux chalcopyrites (*JCPDS # 04-005-3912 [24]*). La taille des cristallites calculée par la formule de Scherrer sur les pics les plus intenses donne une moyenne de 14 nm, ce qui est cohérent avec les observations TEM.

Pour conclure, nous dirons que cette approche par « heating up » a permis d'obtenir des nano-cristaux d'environ 15 nm avec une dispersion en taille de l'ordre de 30 %. La variation de la taille n'a cependant pas été possible. Une mesure précise et intéressante des niveaux électroniques a pu néanmoins être effectuée, information très utile pour la constitution de dispositifs. A la vue de ces résultats, nous dirigeons nos efforts vers une méthode de type « hot injection », bien plus prometteuse pour réduire la dispersion en taille.

2.1.3 Approche par « hot injection » avec le séléniure d'urée

L'approche par « hot injection » consiste à injecter un des précurseurs lorsque les autres précurseurs sont complexés et chauffés à la température de nucléation. L'injection doit se faire très rapidement afin d'obtenir la sursaturation nécessaire pour la nucléation. Cette brève étape est suivie par la croissance des nanocristaux sans formation de nouveaux germes (nucléi). Une procédure utilisant cette méthode avec le séléniure d'urée comme précurseur de sélénium a été reporté dans le groupe de KORGEL récemment, nous avons suivi ce protocole. [9] L'avantage du séléniure d'urée est qu'il est soluble dans l'oleylamine, permettant de s'affranchir de surfactant à base d'acide phosphonique. Cependant, ce protocole n'est pas complètement une « hot injection » à proprement parler car l'injection se fait en dessous de la température de nucléation, qui est atteinte par un chauffage post-injection. Il n'est en fait pas possible de chauffer le séléniure d'urée à 240 °C (température de nucléation du CuInSe$_2$) car il se décompose. Les détails expérimentaux sont décrits en annexe.

La Figure 2.3a nous montre à travers une image TEM basse résolution les NCx synthétisés. Ceux-ci ont plutôt une forme sphérique et un diamètre moyen de 7 nm avec une dispersion de 17 %. Cependant, nous n'avons pas réussi à obtenir la forme triangulaire rapportée dans le papier de KOO et coll. [9] et ce, malgré des variations de conditions. La Figure 2.3b montre un NC isolé en HRTEM avec une cristallinité parfaite et la transformée de Fourier présentée en Figure 2.3c laisse apparaître une distance interatomique de 3,3 Å qui correspond au plan (111) et qui est en accord avec le papier de KORGEL.

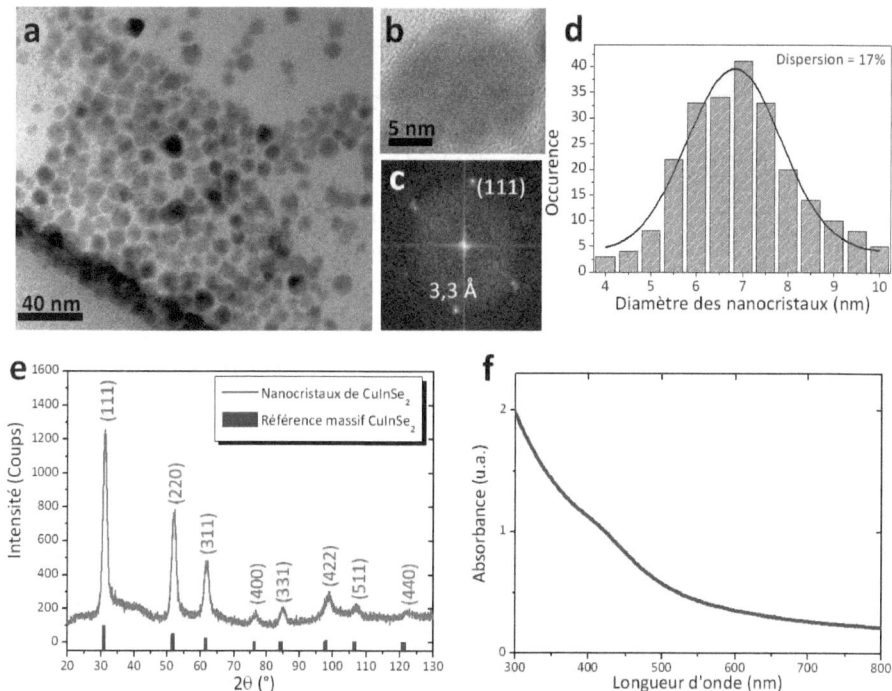

Fig. 2.3 – **a)** Images TEM des nanocristaux de CuInSe$_2$ synthétisés avec le séléniure d'urée. Les nanocristaux ont une taille moyenne de 7 nm ; **b)** Images HRTEM d'un nanocristal de 15 nm et ; **c)** Sa transformée de Fourier montrant une distance interatomique de 3,3 Å correspondant au plan (111) ; **d)** Diagramme exprimant la dispersion en taille avec une taille moyenne de particules de 7 nm et un écart type de 17 %. Le calcul a été fait sur environ 250 particules avec le logiciel Image J ; **e)** Diffractogramme des rayons X révélant une structure cristalline tetragonale de groupe d'espace *I-42d* (a = 5,781 Å, b = 5,781 Å et c = 11,642 Å) correspondant au pattern *JCPDS # 00-040-1487* [25] ; **f)** Spectre d'absorption UV-visible d'une solution diluée de NCx de CuInSe$_2$ dans le chloroforme.

La dispersion en taille est cependant correcte (écart type de 17 %) et le diamètre moyen des NCx est de 7 nm (Figure 2.3d). Cette dispersion a été évaluée à l'aide du logiciel IMAGE J par différenciation de contraste et sur environ 250 particules.

La détermination de la phase cristalline faite par diffraction des rayons X montre une phase tetrago-nale de la chalcopyrite ayant comme groupe d'espace *I-42d* (a = 5,781 Å, b = 5,781 Å et c = 11,642 Å) correspondant au pattern *JCPDS # 00-040-1487*. [25] Cette phase est également en accord avec la synthèse de KOO. En utilisant la formule de Scherrer et la largeur des pics à mi-hauteur, on extrait une taille moyenne des cristallites de 7,2 nm en accord avec les observations TEM.

Le spectre d'absorption exposé dans la Figure 2.3f, montre un début d'absorption autour de 750 nm ce qui correspondrait à un gap de 1,65 eV mais il semble que les particules absorbent auparavant dans le proche infrarouge. Afin d'extrapoler ce gap optique, nous avons tracé la racine carré de l'absorbance et le carré de l'absorbance en fonction de l'énergie (Figure 2.4).

Ces deux régressions sont issues de travaux récemment publiés permettent d'estimer les transitions

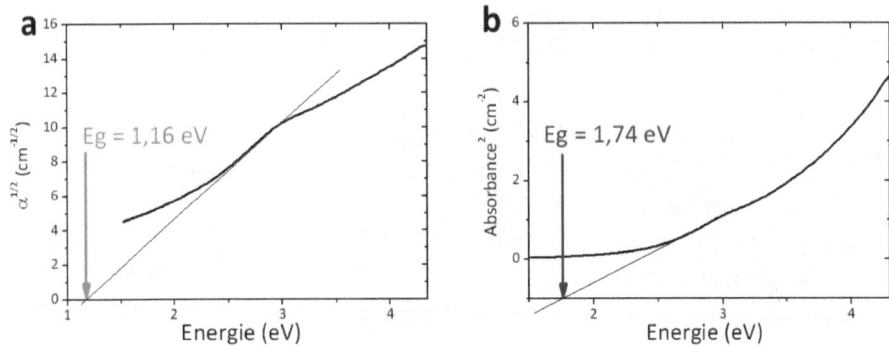

Fig. 2.4 – **a)** Extrapolation du gap par transition indirecte en traçant la racine carré de l'absorbance en fonction de l'énergie ; **b)** Extrapolation du gap par transition directe en traçant le carré de l'absorbance en fonction de l'énergie.

directes et indirectes dans le matériau. [26, 27] On voit ici que le gap indirect tiré de ce graphe est 1,16 eV et que le gap direct est de 1,74 eV. La valeur du gap direct supposerait par le calcul un diamètre des particules de 5,4 nm alors que celle observée ici fait en moyenne 7 nm. Il n'est cependant pas exclu que les petites particules commencent à absorber plus dans le visible et donc lors de la régression, on calcule le gap par rapport aux particules les plus petites. Ce résultat est donc cohérent avec les autres mesures. Il est ici important de rappeler que les valeurs que sont les masses effectives et la constante diélectrique utilisés pour le calcul sont valables pour le massif et peuvent varier si il y a plusieurs phases cristallines mélangées. On ne peut donc pas vraiment conclure quand à un régime de confinement quantique et l'extrapolation du gap par ces méthode de régressions linéaires reste approximative.

En résumé, cette voie de synthèse a permis d'obtenir des NCx d'une taille et de forme plus homogène que par la méthode « heating-up ». Les particules montrent une grande stabilité en solution dans le chloroforme, paramètre important pour toute utilisation de ces NCx comme une encre. Ces NCx présentent une phase cristalline prédominante tétragonale. Un effet de confinement quantique attribué à la taille a été observé révélant un gap direct de 1,7 eV. Néanmoins, la couleur de la solution colloïdale est noire, ce qui laisserait supposer un gap plus faible. Ceci peut être expliqué par une dispersion en taille encore non négligeable qui causerait la couleur noire (les grosses particules non confinées absorberaient dans le visible et on n'apercevrait pas la couleur des petites particules confinées). Cependant, l'obtention de gamme de tailles différentes contrôlées en taille n'a pu être réalisée par cette voie de synthèse. Les conditions d'injection suivi d'une augmentation de la température sont sans doute responsables de la dispersion en taille et donc de la difficulté d'extraire des données des propriétés optiques.

2.1.4 Approche par « hot injection » avec le TOP-Se

Afin de réduire davantage la dispersion en taille des NCx synthétisés (qui est nécessaire pour le dépôt de ces NCx), nous avons développé (avec Angela FIORE) une nouvelle approche utilisant le sélénium dissous dans de la trioctylphosphine (TOP-Se) comme précurseur de sélénium. L'utilisation de cette source de sélénium — depuis le papier historique de MURRAY et coll. [28] — a permis de synthétiser plusieurs types de matériaux avec des étroites dispersions de taille. Le sélénium ne se complexe pas facilement (il est sous forme de polyséléniure) mais en revanche dans le TOP il se complexe à température ambiante sous agitation. Nous avons donc utilisé le TOP-Se comme précurseur de sélénium et l'avons injecté à la température de nucléation (240 °C) dans la solution de complexes d'indium et de cuivre (InCl$_3$ et CuCl). Ce protocole n'a pas fonctionné, une explication possible serait que le TOP utilisé à haute température directement annihile la réaction. Parallèlement, une procédure de préparation du précurseur de cuivre est apparue dans la littérature, utilisant le sulfate de cuivre en solution aqueuse transféré dans de l'oleylamine. [29] Nous avons donc procédé à cette synthèse en utilisant ce transfert de phase du sulphate de cuivre vers de l'oleylamine. L'injection de TOP-Se s'est faite à 110 °C puis la température a été augmentée jusqu'à 240 °C. Les paramètres de température d'injection, de quantité de sélénium et l'influence des ligands ont été étudiés.

2.1.4.1 Transfert de phase des ions cuivre et indium

Une solution de sulfate de cuivre et de chlorure d'indium est préparée en dissolvant les sels dans un mélange d'eau distillée et d'éthanol. A cette solution est ajoutée de l'oleylamine et la solution est agitée. Après agitation, on ajoute du toluène et le transfert de phase des ions Cu^{2+} et de In^{3+} s'effectue comme en témoigne la disparition de la couleur dans la partie aqueuse de la solution. Le mécanisme de transfert est la forte affinité du complexe oleylamine avec les ions Cu^{2+} et In^{3+}. L'oleylamine réduit également le cuivre Cu^{2+} en Cu$^+$. Comme l'oleylamine est plus stable dans le toluène, cela permet le transfert dans une solution organique, nécessaire pour la synthèse. Ce protocole est adapté du papier de YANG et coll. [29], des ajustements mineurs spécifiés en annexe A ont été apportés.

2.1.4.2 Proportion de sélénium

Différents ratios de Cu:In:Se ont été testés pour évaluer leur influence sur la taille et la forme finale des particules. En plus d'avoir un effet sur la stœchiométrie finale des NCx, l'ajout de différentes proportions des précurseurs peut avoir un effet sur la cinétique de croissance. Les ratios ici de 1:1:2 et jusqu'à 1:1:8 ont été testés.

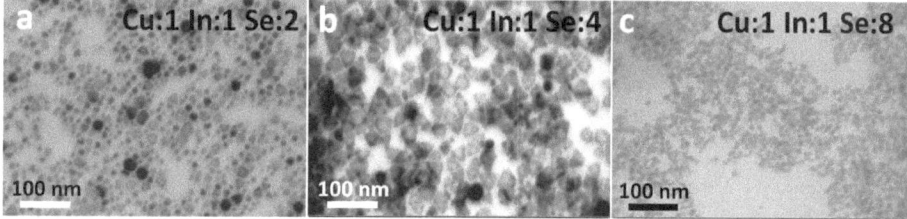

Fig. 2.5 – Images STEM des NCx de CuInSe$_2$ avec **a)** une composition des précurseurs Cu:In:Se de 1:1:2 ; **b)** de 1:1:4 et **c)** de 1:1:8.

Comme le montrent les images STEM, l'influence des proportions de sélénium impacte directement sur la forme des NCx. Lorsqu'on met les proportions 1:1:2 et 1:1:4, on voit nettement l'apparition de forme triangulaire se rapprochant des NCx synthétisés par KOO et coll. [9] Lorsqu'on augmente la quantité de sélénium injecté jusqu'à quatre fois supérieur (rapport 1:1:8), la taille des nanocristaux diminue jusqu'à environ 10 nm ($\Sigma = 15$ %). Etant donné que les injections sont faites à même température, l'impact de la quantité de sélénium sur la taille des NCx peut être lié à une abondance plus rapide du sélénium pour les complexes de cuivre et d'indium qui induit une nucléation rapide d'un plus grand nombre de germes entraînant une taille moyenne plus petite après la croissance.

2.1.4.3 Effet de la température d'injection

Nous avons également fait varier la température d'injection c'est-à-dire la température à laquelle le TOP-Se est injecté avant l'augmentation de la température à 240 °C. L'idée étant qu'on se rapproche le plus possible de la température de nucléation pour éviter une dispersion de taille trop importante causée par la rampe de température. Nous avons donc fait la synthèse en injectant le TOP-Se à 220 °C.

Seulement, les NCx synthétisés montrent des cristaux de formes triangulaires avec un trou au milieu comme ceux observés par GUO et coll. [4] L'explication de ce phénomène est que le TOP à haute température grave le matériau par le centre, ce qui conduit à la formation de trous au centre des particules.

2.1.4.4   Effet du mélange ligand/solvant

La concentration de ligand dans le mélange de départ (précurseurs + ligands + solvant) influe directement sur les mécanismes de croissance, impactant directement la structure cristalline finale. Même si l'idée d'utiliser l'oleylamine comme ligand et solvant paraît judicieux du fait de sa simplicité, il est intéressant d'étudier l'influence de mélange de ligand ou de leur concentration. Nous avons donc essayé différentes combinaisons de surfactants, avec l'octadécène, l'acide oléique et l'oleylamine.

Les résultats de ces expériences montrent qu'en présence d'uniquement l'oleylamine, les particules sont majoritairement sous forme de pyramide triangulaire (Figure 2.5), alors qu'en présence soit d'un mélange équitable d'octadécène et d'oleylamine, soit d'octadécène et d'acide oléique, les particules sont sphériques à la fin. D'autre part, les synthèses effectuées en présence d'acide oléique provoquent des tailles de NCx plus petites qu'avec les autres combinaisons. En l'absence de ligand et uniquement avec l'octadécène, les NCx précipitent après purification.

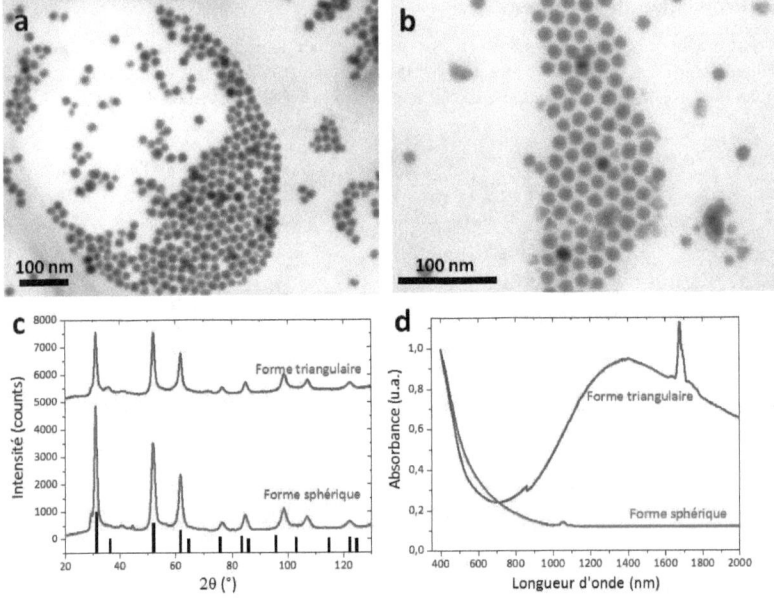

Fig. 2.6 – Images STEM des NCx de CuInSe$_2$ avec **a)** un mélange d'oleylamine et d'ocadecène et ; **b)** un mélange d'oleylamine et d'acide oléique ; **c)** Diffractogrammes des rayons X des échantillons avec les formes triangulaire (de la figure 2.5b) et sphérique correspondant à une structure cristalline tetragonale de groupe d'espace *I-42d* (a = 5,781 Å, b = 5,781 Å et c = 11,642 Å) correspondant au pattern *JCPDS # 00-040-1487* [25] ; **d)** Spectre d'absorption NIR-UV-visible de solutions de ces mêmes NCx de CuInSe$_2$ dans le chloroforme.

Comme nous le montrent les images STEM de la Figure 2.6a et 2.6b, il est possible d'obtenir des particules sphériques en utilisant un mélange de OLA/ODE mais aussi avec ODE/OA. Les particules obtenues font 12 nm (dispersion d'environ 15-20 %) pour les plus petites obtenues avec le mélange OA/OLA (Figure 2.6b) et 21 nm (dispersion d'environ 15 %) pour celles obtenues avec OLA/ODE (Figure 2.6a). Cette différence de taille peut être expliquée par le fait que l'acide oléique doit complexer plus fortement les cations métalliques que l'oleylamine, ce qui ralentit la nucléation des particules. L'analyse des rayons X présentée en Figure 2.6c montre des pics de diffraction relativement similaires entre les particules triangulaires et les particules sphériques. La seule différence entre ces pics réside dans le rapport d'intensité qui, dans la forme triangulaire, présente l'intensité du premier pic correspondant au plan (111) moins importante que dans le cas des particules sphériques. Il est étonnant que les particules sphériques et triangulaires correspondent à la structure cristalline tetragonale, la forme des particules ici ne jouant pas sur le groupe d'espace. Une explication possible est que l'échantillon contenant les particules triangulaire contienne également une proportion de particules sphériques. Nous devons cependant noter ici que les pics de diffraction correspondant à l'ordre cationique dans le cristal sont absents, ce qui suggèrerait plutôt l'appartenance à une phase quadratique.

Les propriétés d'absorption de ces deux formes de particules montrent une différence du seuil d'absorption avec les particules triangulaires qui absorbent plus dans les basses longueurs d'onde mais la différence est d'environ une centaine de nanomètres. Ceci peut également être expliqué par la différence de taille de ces NCx qui engendre un décalage du seuil d'absorption dû à la taille des NCx. On remarque également sur ce spectre que les particules de forme triangulaire présentent une augmentation de l'absorbance dans la gamme de longueur d'onde 900-1500 nm ce qui correspondrait à une absorption plasmonique. Ce phénomène a également été observé pour les NCx de Cu_2S et sera discuté dans la partie 2.3.1.

2.2 Synthèse de nanocristaux binaires : SnS

2.2.1 État de l'art

Le sulfure d'étain est un matériau qui a été peu étudié dans la littérature et récemment, un nombre significatif d'articles de recherches vantent les propriétés du SnS pour son utilisation dans le photovoltaïque. [30] Avec un gap électronique direct de 1,3 eV dans le massif, ce matériau à gap direct et indirect (1,1 eV) s'inscrit comme un remplaçant possible comme absorbeur de photons dans les cellules solaires. Beaucoup de travaux à base de PbS ont démontré l'utilité des systèmes binaires à base de sulfures et leur applicabilité pour la conversion solaire. [31–36] La présence de matériaux toxiques comme le plomb ou le cadmium dans ces systèmes étant compromise pour une possible industrialisation, la recherche de matériaux non-toxiques possédant les mêmes propriétés s'avère donc un domaine très ouvert. Le sulfure d'étain possède théoriquement beaucoup de propriétés en commun avec le PbS, avec un coefficient d'absorption très élevé (10^4 cm^{-1}). Des cellules en couche minces ont déjà été étudiées, notamment par le groupe de Robert MILES à l'université de Northumbria, utilisant une hétérojonction avec des couches minces de CdS comme matériau n et le SnS comme matériau p. [37–40] Les rendements mesurés sont actuellement faibles (< 3%), ce qui parait étonnant pour un matériau à gap direct de 1,3 eV, valeur proche du gap idéal pour la conversion solaire. Cependant, peu d'optimisation des niveaux d'énergie et de choix d'électrodes ont été réalisés, le SnS reste donc un matériau potentiellement intéressant.

La structure cristallographique du SnS peut être soit de type orthorhombique, sois sous forme NaCl (cubique). La structure orthorhombique est une phase moins symétrique du réseau cubique (a $\neq$ b $\neq$ c, $\alpha = \beta = \gamma = 90$ °, et fait partie de la famille des matériaux comme GeS et GeSe. Cette famille cristalline est dite déformée du NaCl. Les paramètres reportés comme les plus fréquents sont : a = 11.20 Å, b = 3.99 Å, et c = 4.34 Å. Le groupe d'espace associé à cette phase est le D_{2H}^{16} ce qui correspond à *Pnma*. Cette phase est également généralement légèrement riche en soufre, ce qui lui confère ce caractère électronique dopé de type p. D'autre part, même si des gaps directs supérieurs à 1,3 eV ont été reportés, aucun confinement quantique clair n'a été observé. Des valeurs intéressantes de masses effectives et de constante diélectrique proposées par NASSARY et coll. [41] permettent le calcul du confinement quantique. Prenant ces valeurs mesurées sur un monocristal de SnS par effet Hall, le gap direct de NCx de SnS d'une taille moyenne de 10 nm serait de 2,25 eV, valeur qui n'a pas encore été rapportée dans la littérature pour des tailles de NCx de taille inférieurs à 10 nm.

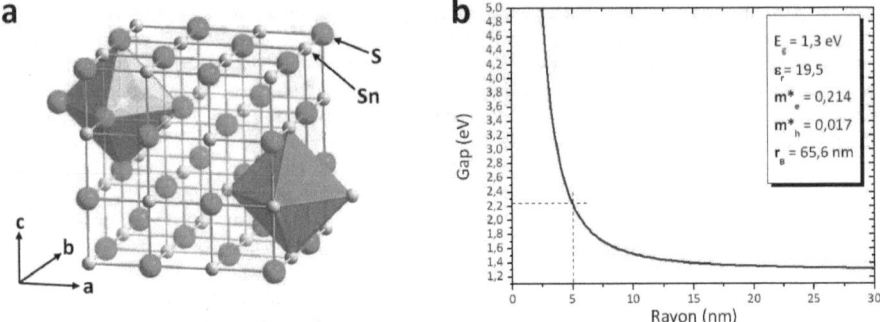

Fig. 2.7 – **a)** Phase cristallographique du SnS cubique *Pnma* qui est une phase déformé du NaCl ; **b)** Calcul du confinement quantique du SnS avec les paramètres mesurés par Nassary et coll. [41] sur un monocristal de SnS.

La première synthèse colloïdale de SnS a été reportée par HICKEY et coll. [42] et s'articule autour du précurseur d'étain le [bis(bis(trimethylsylil)N)Sn] qui, une fois complexé dans un mélange d'acide oléique et de trioctylphosphine, réagit avec le thioacétamide (source de soufre). Ce protocole montre un possible contrôle de forme de ces NCx mais montre un faible contrôle de la dispersion en taille. Suivant ces travaux, une procédure à base de polyethyleneglycol (PEG) rapporte la synthèse de très petits nanocristaux (2-3 nm) avec le bromure d'étain comme précurseur. [43] Cette synthèse ne montre pas non plus un contrôle de la dispersion en taille. Plus récemment, le chlorure d'étain est utilisé comme précurseur et donne lieu à un bon contrôle en taille de ces nanocristaux de SnS. [44] Ce dernier protocole permet notamment d'obtenir des NCs de 6 à 25 nm. Par contre, il ne met malheureusement pas en évidence de photoluminescence, comme aucun des articles actuellement publiés. Cette dernière observation est un paramètre important qui suggère la présence de défauts de surface agissant comme pièges pour les porteurs de charge photogénérées.

2.2.2   Investigation des précurseurs

Afin de bien évaluer tous les protocoles de synthèse, nous avons reproduit deux protocoles de synthèse de la littérature et réalisé également quatres nouveaux protocoles. Les précurseurs utilisés sont le chlorure d'étain $SnCl_2$ ainsi que le [bis(bis(trimethylsylil)N)Sn]. Nous les avons combinés avec trois précurseurs de soufre que sont le soufre élémentaire (S complexé au TOP), le thioacétamide, et le $(TMS)_2S$ ou bis-trimethylsylilsoufre. Les combinaisons de ces précurseurs sont résumées dans le tableau ci-dessous.

	Thioacétamide	$(TMS)_2S$	S(élémentaire)
$((TMS)_2N)_2Sn$	Protocole B	Protocole C	Protocole E
$SnCl_2$	Protocole A	Protocole D	Protocole F

Tab. 2.1 – Résumé des différents protocoles réalisés avec les différents précurseurs.

Le protocole B, celui de HICKEY et coll. [42], publié en 2008 et le protocole D, celui de LIU et coll. [44], apparu en 2010 sont les premiers protocoles qui ont été suivis. Nous n'avons pas essayé le protocole à base de PEG car le contrôle de la forme et de la taille ainsi que la stabilité colloïdale de ces particules ne sont pas satisfaisants à ce jour. Les quatre autres protocoles sont nouveaux et permettent l'investigation de l'influence des précurseurs sur la taille, la dispersion en taille et la forme des NCx. Ci-dessous sont résumées les différentes équations mises en jeu dans les mélanges de précurseurs.

$$SnCl_2 + (CH_3CN + H_2S) \xrightarrow[OA+TOP]{ODE} SnS + 2HCl + CH_3CN \tag{2.3}$$

$$((TMS)_2N)_2Sn + (CH_3CN + H_2S) \xrightarrow[OA + TOP]{ODE} SnS + 2(TMS)_2NH + CH_3CN \tag{2.4}$$

L'équation (2.3) correspond au protocole A et l'équation (2.4) correspond au protocole B. Les autres mélanges de précurseurs sont juste le changement de la source de soufre (thioacétamide) par le bis(TMS)S (protocole C et D) et par le TOP-S (protocole E et F). Le détail des protocoles est décrit dans l'annexe 1.

Au niveau de la préparation des précurseurs, nous nous sommes basés sur le protocole de HICKEY que nous avons adapté aux autres précurseurs. Le précurseur d'étain est donc complexé dans un mélange d'ODE, d'OA et de TOP, cela permettant un contrôle de la forme. Nous avons donc solubilisé le $SnCl_2$ dans ce même mélange de solvant/surfactants, l'ODE étant le solvant. Pour le soufre, tous les précurseurs étaient solubles dans le mélange TOP/OLA, nous avons donc gardé cette composition. L'étude des précurseurs dans ce cas précis sera développée dans le chapitre 3. Le protocole A est celui qui a donné de meilleurs résultats en termes de contrôle de taille et de forme. Nous avons donc étudié plus précisément ce protocole. Plusieurs tailles variant de 5 à 20 nm ont pu être obtenues en ajustant la température et le temps pour ce protocole mettant en jeu le $SnCl_2$ et le thioacétamide.

2.2.3 Investigation des surfactants

Les surfactants ont une influence importante sur la cinétique de croissance des NCx mais aussi sur le contrôle de leur forme, car selon leur nature ils s'adsorbent de préférence sur certaines faces cristallines des NCs. Comme le protocole de départ était basé sur un mélange de surfactants, il est difficile donc de déterminer leur effet direct sans les étudier individuellement. Nous avons donc ajouté les surfactants un à un et étudié directement l'effet sur la taille et la forme des NCx. Tout d'abord, le $SnCl_2$ est impossible à complexer dans juste l'ODE. Ensuite, il n'est ni soluble dans le mélange ODE/OA, ni dans le mélange ODE/TOP. L'expérience a montré qu'uniquement dans un mélange de ODE/OA/TOP le $SnCl_2$ était complexé, même en montant la température. En dehors de ce mélange, le $SnCl_2$ reste à l'état de poudre blanche et ne se dissout pas. Ce comportement laisse à penser qu'il y a une réaction entre le TOP et l'OA qui mène à la complexation du Sn. Il est connu que le TOP est réducteur à haute température tandis que l'OA, acide carboxylique devrait avoir un pouvoir oxydant. Nous avons alors effectué des mesures d'électrochimie sur ces ligands afin de déterminer leur pouvoir oxydant ou réducteur. La conclusion est que le TOP déprotone la fonction acide carboxylique qui permettrait la formation de l'oléate d'étain. En revanche, le $SnCl_2$ est tout à fait soluble dans l'OLA seul et la synthèse dans l'OLA uniquement comme solvant et surfactants fonctionne bien, sauf que les NCx synthétisés ont tendance à précipiter. Nous avons donc suivi la grille de paramètres suivants pour bien étudier l'influence des surfactants. Un essai avec de l'hexadecylamine comme surfactant n'a pas changé la taille des NCx par rapport à l'OLA, nous ne détaillerons donc pas cette expérience.

De cette étude des précurseurs, on en conclut que le ligand qui stabilise majoritairement les NCx de SnS à la fin de la réaction est l'OA. L'OLA semble jouer effectivement le même rôle que le TOP dans la formation du complexe d'étain en présence d'OA. Les ligands n'ont pas d'influence ici sur la forme des NCx, car ceux-ci ont toujours une forme se rapprochant d'une sphère. La variation des ligands n'a, par ailleurs, aucun effet sur la structure cristalline mesurée par DRX.

Mélange de surfactants	Effet sur les NCx
ODE ODE + OA ODE + TOP	Le SnCl$_2$ n'est pas complexé
ODE + OA + TOP	NCx de forme sphérique
OLA ODE + OLA ODE + OLA + TOP	Les NCx précipitent en fin de réaction après purification
ODE + OLA + OA	Les NCx sont stables

Tab. 2.2 – Tableau résumant les différentes combinaisons réalisées pour étudier l'effet des surfactants sur la solubilité/forme des NCx.

2.2.4 Investigation de la température

La température est un facteur important car elle contrôle directement la cinétique de croissance des NCx. En effet, plus la température est élevée, plus les NCx croiront vite. Cependant, la réactivité des précurseurs est liée à la température, il faut donc l'adapter selon les protocoles. Des précurseurs plus réactifs nécessiteront une température moins élevée que des précurseurs moins réactifs. Néanmoins, une température trop basse mènera à des particules faiblement cristallisées ou amorphes, alors qu'une température trop élevée favorisera l'agrégation et la précipitation des NCx. Il est donc nécessaire de trouver un optimum de température pour chaque combinaison de précurseurs. Par exemple, le protocole C à base de bis(TMS)S et du dérivé de stannylène donne lieu, au dessus de 80 °C, à une précipitation directe des NCx, alors qu'en dessous de cette température, les particules sont mal cristallisées. En revanche, pour notre protocole A, une variation de température allant de 80 °C à 180 °C permet d'accéder à une bonne gamme de taille comme le montre la Figure 2.8.

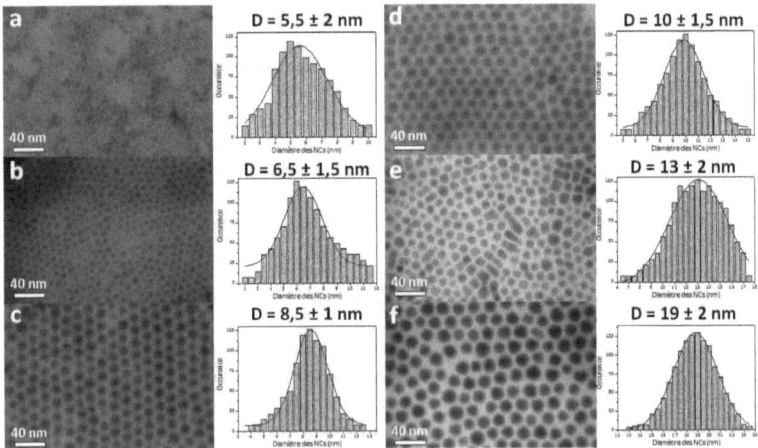

Fig. 2.8 – Nanocristaux de SnS de différentes tailles synthétisés avec le protocole A à différentes températures avec les histogrammes de taille correspondants ; **a)** à 80 °C ; **b)** à 100 °C ; **c)** à 120 °C ; **d)** à 140 °C ; **e)** à 160 °C ; **f)** à 180 °C. Le temps de réaction est de cinq minutes pour tous les protocoles.

Ici toutes les synthèses ont été réalisées pendant 5 minutes et dans les mêmes conditions, seule la température du milieu a été changée. Avec ce protocole, il a donc été possible de choisir la taille des NCx avec une dispersion de taille relativement faible. On notera également l'organisation de ces NCx en super-réseaux, intéressant pour de futures applications. La synthèse effectuée à des températures supérieures à 180 °C provoque une précipitation directe des NCx ; il apparaît d'ailleurs à partir de 160 °C qu'une partie des NCx précipite, le reste des NCx restant stable durablement (plus d'une année).

2.2.5 Passivation de la surface, obtention de photoluminescence

L'obtention de photoluminescence (PL) impose une bonne passivation de la surface afin d'éliminer les canaux de désexcitation non radiatifs annihilant la PL. Afin de pouvoir croître une coquille, il faut que les paramètres de maille des systèmes cœurs et coquilles soient proches. Il est nécessaire également que la structure électronique des deux systèmes soit compatible pour que le système soit de type I (confinement des électrons et trous dans le cœur) ou de type II (séparation des porteurs de charges), selon l'utilisation que l'on veut en faire. Un détail de ces systèmes est décrit dans les travaux de Reiss et coll. [45] qui traitent de tous les nanocristaux semi-conducteurs cœur/coquille. Aucun système cœur-coquille n'a été reporté pour le SnS, ni d'ailleurs de passivation de surface entraînant l'observation de la PL. Cela peut s'expliquer par deux raisons :
- la phase cristalline de SnS étant orthorhombique, cela rend difficile la croissance d'une coquille qui devra être automatiquement de la même phase cristalline. D'autre part, les paramètres de maille des matériaux disponibles pour la croissance d'une coquille sont assez éloignés de ceux du SnS (Pour le ZnS, a = 5,41 Å à comparer avec les paramètres du SnS qui sont a = 11.20 Å, b = 3.99 Å, et c = 4.34 Å). De tous les matériaux de coquille étudiés à ce jour, aucun ne présente, a priori, d'adéquation naturelle avec le SnS.
- l'étude de NCx de SnS n'a démarré que récemment, ce qui laisse à penser que personne ne s'est penché sur la question. Il est donc normal de ce point de vue qu'aucune structure cœur/coquille de ce matériau ne soit rapportée.

A la vue de ce constat, nous avons opté pour une autre technique qui consiste à échanger le cation métallique par un autre cation. Cette technique a été rapportée récemment et montre qu'il est possible d'échanger après la synthèse le cation contenu dans les NCx par un autre cation. [46–48] Plus récemment, le groupe de Sargent, qui travaille sur le PbS pour son application dans les cellules solaires, a montré qu'il était possible de passiver le PbS avec une couche de CdS par échange cationique. [17] L'intérêt principal de l'échange cationique par rapport à une croissance de coquille « classique » est le fait qu'il est possible par cette technique de former des hétérostructures associant des matériaux avec un grand désaccord de maille ou même d'un système cristallin différent. C'est le cas de PbS/CdS qui cristallise dans la structure NaCl (PbS) et zinc blende (CdS). Nous avons donc essayé cette procédure et les résultats exposés dans le chapitre 3 montrent qu'il est possible d'obtenir de la PL avec le SnS en procédant à un échange cationique à base d'un complexe de phosphonate de cadmium. Cependant, puisque le cadmium est toxique, nous avons cherché à passiver ces NCx avec du zinc, matériau couramment utilisé dans le cas des semi-conducteurs II-VI et III-V. Les protocoles détaillés sont présent dans l'annexe A. Un bref descriptif des protocoles essayés est présenté ci-dessous.

Deux techniques principales ont été réalisées, à savoir la passivation post-synthèse utilisant le complexe de phosphonate comme c'est le cas avec le PbS/CdS, ou alors l'ajout du passivant au départ de la synthèse comme cela a été rapporté récemment dans les travaux de Tamang et coll. [49,50], cela permettant une meilleure passivation des NCx sans pour autant influer sur la phase cristalline. Dans ce dernier cas, nous avons essayé plusieurs fractions de Zn/Sn allant de 5 à 100 %. Les résultats de ces essais sont résumés dans la Figure ci-dessous.

Les spectres d'absorption UV-visible pour les différentes passivations (Fig. 2.9a) montrent plusieurs choses. Premièrement, pour la passivation au cadmium, on observe une augmentation de l'absorbance dans la gamme spectrale < 550 nm, caractéristique pour une coquille de CdS. Deuxièmement, le spectre correspondant à la passivation au zinc ne semble pas montrer de décalage dans la gamme

Précurseur de zinc	Méthode de préparation	Référence
ZnCl₂	Echange par complexe de phosphonate	Adapté du protocole de SARGENT à base de Cd [17]
Zn(undecylenate)	Ajoutée dans le ballon au début de la synthèse avec le sel d'étain.	Adapté des travaux de TA-MANG. [49, 50]
Zn(ac)₂,2H₂O		Suivi du protocole d'OJO sur
Zn(ac) anhydre		la synthèse de Cd₃P₂/ZnS. [51]

Tab. 2.3 – Récapitulatif des expériences faites pour la passivation de la surface des NCx de SnS avec le zinc.

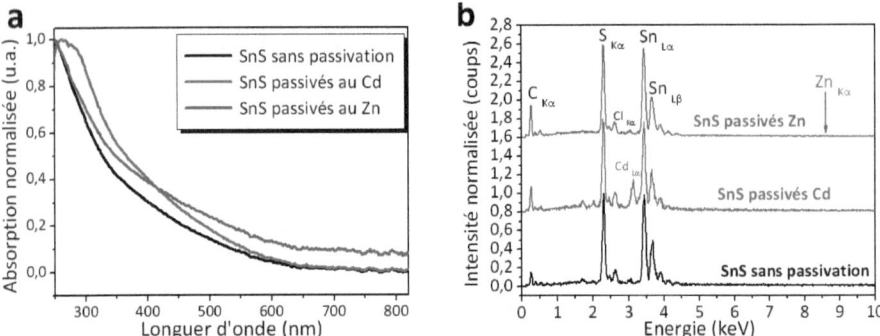

Fig. 2.9 – **a)** Spectre d'absorption UV-visible pour les NCx de SnS avec les deux passivations investigés : avec le cadmium et le zinc ; **b)** Analyse élementaire par EDS de ces NCx montrant la présence de l'agent passivant (Cd ou Zn).

d'absorption. Cette information est confirmée par la mesure EDS, qui montre que pour la passivation au zinc, aucun signal n'a été détecté dans la zone ou le signal Kα du zinc devrait se trouver (8,6 keV). A l'inverse, le signal du cadmium est nettement détecté autour de 3 keV et la mesure quantitative donne une proportion de 12,5 % de cadmium présente dans l'échantillon. D'autre part, aucun signal de photoluminescence n'est détecté pour le zinc alors que dans le cas du cadmium, un large pic apparait (les détails sont traités dans le chapitre 3).

La passivation de surface des NCx de SnS est donc possible et un signal de photoluminescence a pu être obtenu. Nous verrons plus finement si cette passivation de surface protège les NCx de l'oxydation, en tous les cas un signal reproductible de PL est possible. Une possible décroissance de l'intensité de ce pic de PL, après exposition à l'air, n'a pas été observée.

2.3 Synthèse de nanocristaux d'autres sulfures de métaux

2.3.1 Synthèse de nanocristaux de sulfure de cuivre Cu₂S

Le Cu₂S est un matériau intéressant pour le photovoltaïque (PV) car c'est un semiconducteur à gap direct d'une valeur de 1,2 eV. De plus des cellules de Cu₂S en couches minces avec une hétérojonction Cu₂S/CdS ont déjà montré que les rendements pouvaient atteindre jusqu'à 9,15 %, [52] ce qui motive la communauté à étudier ce matériau. D'autre part, le cuivre et le soufre sont abondants, ce qui permettrait d'avoir des cellules à très bas coûts.

Les premières synthèses de nanocristaux de Cu₂S réalisées dans le groupe de KORGEL sont apparues en 2003 dans la littérature avec principalement deux travaux basés sur la technique « heating up » avec un précurseur de cuivre et un solvant/précurseur de soufre : le dodecanethiol. [53, 54] Bien d'autre travaux ont ensuite vu le jour, comme la synthèse de plaquettes de Cu₂S [55–62] ou encore des études sur l'absorption plasmonique de ces nanostructures. [63–65]

Nous avons donc décidé de faire la synthèse de ce matériau pour des études comparatives de matériau et également aussi car des mesures sur des NCx de Cu₂S/CdS(nanobâtonnets) ont été réalisées dans le groupe d'ALIVISATOS et ont montré un effet photovoltaïque. [66] Pour le protocole expérimental, nous avons adapté le protocole que nous avons utilisé pour le SnS, c'est à dire avec une injection de soufre à haute température (ici 100 °C) dans un ballon contenant un précurseur de cuivre (CuCl) et de l'oleylamine (détails contenus dans l'annexe A). Ce protocole nouveau a permis de généraliser la voie de synthèse utilisée à d'autre sulfures de métaux et également de faire la synthèse à plus basse température que habituellement (220 °C).

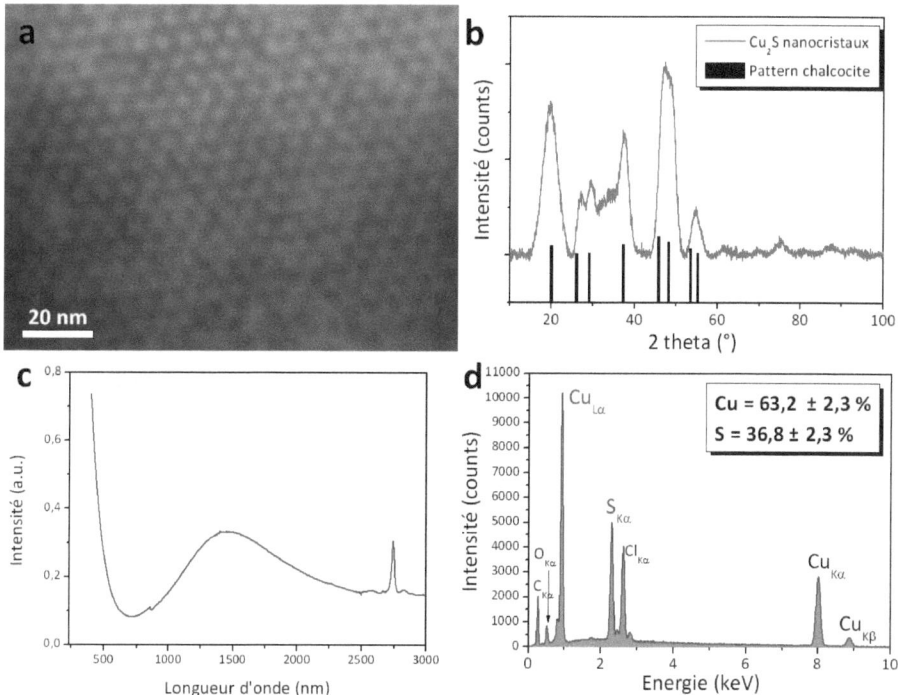

Fig. 2.10 – **a)** Images STEM des particules de Cu₂S en champ sombre; **b)** Diffractogramme des rayons X de la poudre de NCx de Cu₂S montrant la correspondance au pattern de la chalcocite; **c)** Spectre d'absorption UV-visible-NIR des NCx dans du chloroforme; **d)** Analyse élémentaire par EDS des ces mêmes NCx décrivant la stoechiometrie en cuivre et en soufre.

De plus, la complexation du cuivre dans l'OLA nous est connue depuis la synthèse de CuInSe₂. Il apparaîssait donc logique d'essayer ce protocole. Pour la source de soufre, nous avons également utilisé le thioacétamide comme pour la synthèse de SnS. La température de nucléation utilisée, de 100 °C, permet également de bien contrôler la taille des NCx. Comme nous le montre la Figure 2.10a, des particules d'environ 5 nm sont obtenues en maintenant la réaction 5 minutes à 100 °C. Ces mêmes particules s'auto-organisent en super-réseaux, même sur certains endroits, les cristaux semblent s'assembler en super-cristaux, c'est à dire en structure organisée 3D. La Figure 2.10b permet d'identifier la ou les phases cristallines présentes dans l'échantillon. Le sulfure de cuivre est connu pour donner plusieurs phases, dont la phase stœchiométrique Cu_2S « Chalcocite », une phase sous stœchiométrique appelée « Djurléite » $Cu_{1,94}S$ et la phase « Digénite », $Cu_{1,98}S$. [67] Dans notre cas, le fit du spectre RX indique la coexistence des deux phases dans l'échantillon, à savoir, la phase Chalcocite et la phase Djurléite. Cette observation n'est pas étonnante car ces deux phases présentes ont été souvent observées, la stoechiométrie des sulfures de cuivre étant souvent déficiente en cuivre. Cela peut s'expliquer premièrement par le fait que le cuivre, sensible à l'oxydation, peut donner des phases CuS qui font baisser la proportion de cuivre dans la totalité de l'échantillon. La deuxième explication est que le cuivre soit déficient dans le cristal et laisse des lacunes atomiques vacantes découlant sur des cristaux imparfaits. Ceci étant dit, nous n'avons pas poussé l'analyse de structure plus loin ici.

La Figure 2.10c révèle l'absorption de la solution de NCx dans le chloroforme pour la plage UV-visible-NIR. La première observation intéressante de ce spectre est le seuil d'absorption UV-visible autour de 720 nm. Ce seuil d'absorption correspond à un gap direct électronique de 1,7 eV (le gap direct du matériau massif Cu_2S étant de 1,3 eV) indiquant un éventuel confinement quantique, ce qui n'a pas encore été observé pour ce matériau. Cette hypothèse est, cependant, à prendre avec précaution car elle doit être reliée à la structure précise. Deuxièmement, un large pic d'absorption commençant à 750 nm et se terminant à 2250 nm correspondrait à un pic d'absorption plasmonique comme des récents travaux du groupe de FELDMANN l'ont rapporté. [65] Ce pic plasmonique pourrait donner la concentration des porteurs de charge dans les NCx, en fonction de la largeur et de la symétrie du pic. La troisième observation sur ce spectre est un pic fin autour de 2750 nm, nous l'avons attribué à une contribution des ligands de surface, absorbants dans cette région.

Finalement, la microanalyse élémentaire réalisée à l'aide de l'EDS sur une poudre, donne une composition élémentaire de Cu/S de 63/37, ce qui correspondrait à une stoechiométrie de $Cu_{1,7}S$ proche de celle observée pour la Djurléite (l'écart de la mesure est de 2-3 %).

Fianlement, on peut noter que les NCx synthétisés sont stables en solution (dans du chloroforme) et aussi vis-à-vis de l'air car une mesure ultérieure (après 1 an) de l'EDS, des rayons X et de l'absorption montrent qu'il n'y a aucun changement. Cette constatation est intéressante car les NCx de Cu_2S ont tendance à s'oxyder comme RIHA l'a montré tout récemment. [68] Nous avons également essayé la synthèse des NCx de Cu_2Se et de Cu_2Te en utilisant le TOP-Se et le TOP-Te comme précurseurs ; seulement les NCx n'étaient pas du tout stable après mise à l'air et également dans le temps. Les spectres de diffraction mesurés sur ces derniers échantillons n'ont pas non plus été concluants. Nous n'avons pas poussé l'étude plus loin.

2.3.2 Synthèse de nanocristaux de sulfure de cadmium CdS

Les toutes premières synthèses de CdS de l'histoire de la science apparurent au début des années 1980, principalement développées dans les groupes de BRUS et HENGLEIN. [69–74] Ces synthèses par voie aqueuse ont permis d'accéder à des tailles nanométriques et de poser les bases de la théorie du confinement quantique pour les NCx. Puis, dans le début des années 1990, l'article pionnier de MURRAY, NORRIS et BAWENDI [28] a vraiment lancé la synthèse colloïdale de NCx et ces travaux restent aujourd'hui la référence dans le domaine. De nombreux travaux concernant la synthèse de NCx de CdS ont suivi, notamment sur les propriétés optiques [75,76], mais également sur la synthèse de nano-bâtonnets de CdS par l'approche « seeded-growth ». [77,78]

Nous avons donc suivi les travaux de MANNA pour réaliser la synthèse de NCx de CdS, ceux-ci nous étant utiles pour la réalisation de cellules hétéronjonctions à base de NCx. Les NCx de CdS sont généralement dopés n, ce qui complète notre gamme de NCx qui sont plutôt de type p ($CuInSe_2$, SnS, Cu_2S,...).

La réaction s'articule autour de l'oxyde de cadmium complexé avec deux types de ligands : le

TOPO et l'ODPA (ocatadecylphosphonic acid) que l'on fait réagir avec du TOP-S. L'intérêt d'avoir coexistence de ligands longs (ODPA) et de ligands courts (TOPO) permet un bon contrôle de la taille des NCx. Les détails de la synthèse sont décrits dans l'annexe A.

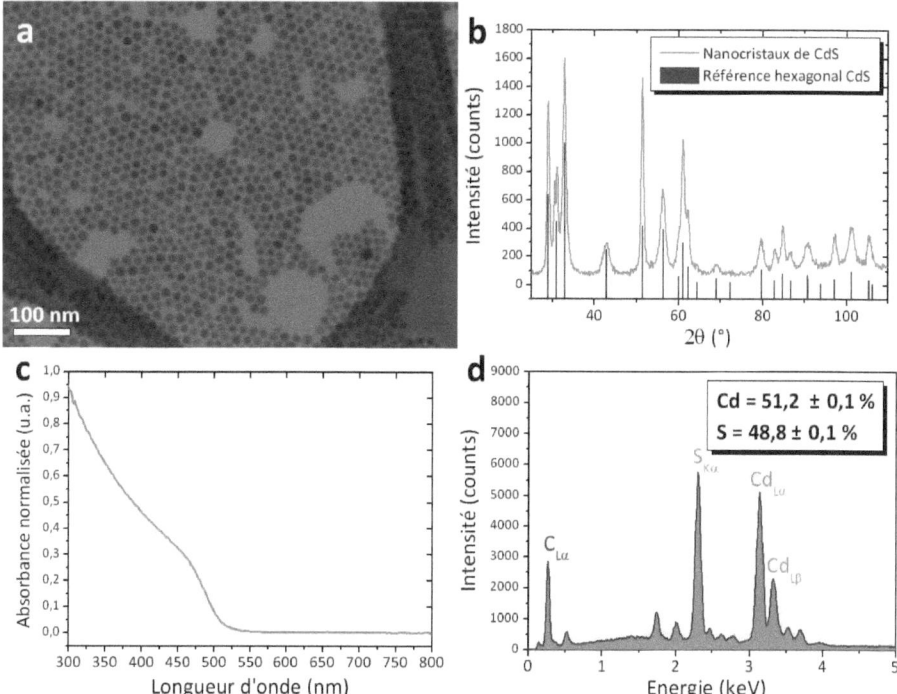

Fig. 2.11 – **a)** Images STEM des particules de CdS en champ clair (taille moyenne de 13 nm) ; **b)** Diffractogramme des rayons X de la poudre de NCx de CdS montrant la correspondance au pattern de la Greenoockite ; **c)** Spectre d'absorption UV-visible des NCx dans du chloroforme ; **d)** Analyse élémentaire par EDS des ces mêmes NCx décrivant la stoechiometrie en cadmium et en soufre.

Comme nous le montre la Figure 2.11a, les NCx obtenus sont très réguliers en forme et possèdent une dispersion en taille très étroite (< 15 %). La synthèse ayant été effectuée à 240 °C, les NCx ont une taille d'environ 13 nm, mais une température plus basse permettrait l'obtention de NCx plus petits, si nécessaire. Ces NCx s'organisent très bien en super-réseaux, phénomène maintenant régulièrement observé lors de nos synthèses. La Figure 2.11b montre le spectre de diffraction des rayons X d'une poudre de ces NCx. La phase cristalline associée à ce diffractogramme est la « Greenoockite », qui est une phase hexagonale de groupe d'espace *P63mc* (*JCPDS # 1-77-2306*). Cette phase, ainsi que la largeur des pics à mi-hauteur, concordent avec l'observation STEM (les NCx ont une forme hexagonale).

Le spectre d'absorption UV-visible exposé en Figure 2.11c montre un seuil d'absorption aux alentours de 520 nm, ce qui correspond à un gap de 2,4 eV, valeur usuellement rapportée pour le CdS. En revanche, aucun pic de PL n'a été observé. Dans la littérature, pour aucun matériau la PL n'a été observé quand la taille excède environ 10 nm. Du fait de la plus faible courbure de surface, l'encombrement stérique des ligands organiques ne permet pas de passiver tous les sites de surface. La montée raide de l'absorption à 520 nm confirme la faible dispersion en taille des ces NCx qui, dans le cas contraire, aurait montré un seuil d'absorption bien moins franc.

Finalement, l'analyse élémentaire par microanalyse EDS donne une proportion de Cd:S de (51,2:48,8). Un léger excès cationique est généralement observé pour les chalcogénures de cadmium préparés par des méthodes similaires. [79] Ce ratio concorde avec les autres résultats et permet d'affirmer que nous avons bien synthétisé des NCx de CdS d'une taille moyenne de 13 nm.

Bibliographie

[1] H. NEUMANN, « Optical properties and electronic band structure of CuInSe$_2$ », *Solar Cells*, vol. 16, p. 317–333, jan. 1986. (cité en page 34)

[2] P. JACKSON, D. HARISKOS, E. LOTTER, S. PAETEL, R. WUERZ, R. MENNER, W. WISCHMANN et M. POWALLA, « New world record efficiency for Cu(In,Ga)Se$_2$ thin-film solar cells beyond 20% », *Progress in Photovoltaics : Research and Applications*, vol. 19, p. 894–897, nov. 2011. (cité en page 34)

[3] M. G. PANTHANI, V. AKHAVAN, B. GOODFELLOW, J. P. SCHMIDTKE, L. DUNN, A. DODABALA-PUR, P. F. BARBARA et B. A. KORGEL, « Synthesis of CuInS$_2$, CuInSe$_2$, and Cu(In$_x$Ga$_{1-x}$)Se$_2$ (CIGS) nanocrystal "inks" for printable photovoltaics. », *Journal of the American Chemical Society*, vol. 130, p. 16770–7, déc. 2008. (cité en pages 34, 35, 84, 108 et 120)

[4] Q. GUO, S. J. KIM, M. KAR, W. N. SHAFARMAN, R. W. BIRKMIRE, E. A. STACH, R. AGRAWAL et H. W. HILLHOUSE, « Development of CuInSe$_2$ nanocrystal and nanoring inks for low-cost solar cells. », *Nano letters*, vol. 8, p. 2982–7, sept. 2008. (cité en pages 34 et 40)

[5] J. TANG, S. HINDS, S. O. KELLEY et E. H. SARGENT, « Synthesis of Colloidal CuGaSe$_2$, CuInSe$_2$, and Cu(InGa)Se$_2$ Nanoparticles », *Chemistry of Materials*, vol. 20, p. 6906–6910, nov. 2008. (cité en page 34)

[6] H. ZHONG, Z. WANG, E. BOVERO, Z. LU, F. C. J. M. van VEGGEL et G. D. SCHOLES, « Colloidal CuInSe$_2$ Nanocrystals in the Quantum Confinement Regime : Synthesis, Optical Properties, and Electroluminescence », *The Journal of Physical Chemistry C*, vol. 115, p. 12396–12402, juin 2011. (cité en page 34)

[7] C.-C. WU, C.-Y. SHIAU, D. W. AYELE, W.-N. SU, M.-Y. CHENG, C.-Y. CHIU et B.-J. HWANG, « Rapid Microwave-Enhanced Solvothermal Process for Synthesis of CuInSe$_2$ Particles and Its Morphologic Manipulation », *Chemistry of Materials*, vol. 22, p. 4185–4190, juil. 2010. (cité en page 34)

[8] C.-H. CHANG et J.-M. TING, « Phase, morphology, and dimension control of CIS powders prepared using a solvothermal process », *Thin Solid Films*, vol. 517, p. 4174–4178, mai 2009. (cité en page 34)

[9] B. KOO, R. N. PATEL et B. A. KORGEL, « Synthesis of CuInSe$_2$ nanocrystals with trigonal pyramidal shape. », *Journal of the American Chemical Society*, vol. 131, p. 3134–5, mars 2009. (cité en pages 34, 36, 39 et 121)

[10] M. E. NORAKO et R. L. BRUTCHEY, « Synthesis of Metastable Wurtzite CuInSe$_2$ Nanocrystals », *Chemistry of Materials*, vol. 22, p. 1613–1615, mars 2010. (cité en page 34)

[11] M. KAR, R. AGRAWAL et H. W. HILLHOUSE, « Formation pathway of CuInSe$_2$ nanocrystals for solar cells. », *Journal of the American Chemical Society*, vol. 133, p. 17239–47, nov. 2011. (cité en page 34)

[12] C.-H. CHUNG, B. LEI, B. BOB, S.-H. LI, W. W. HOU, H.-S. DUAN et Y. YANG, « Mechanism of Sulfur Incorporation into Solution Processed CuIn(Se,S)$_2$ Films », *Chemistry of Materials*, vol. 23, p. 4941–4946, nov. 2011. (cité en page 34)

[13] V. A. AKHAVAN, B. W. GOODFELLOW, M. G. PANTHANI, D. K. REID, D. J. HELLEBUSCH, T. ADACHI et B. A. KORGEL, « Spray-deposited CuInSe$_2$ nanocrystal photovoltaics », *Energy & Environmental Science*, vol. 3, no. 10, p. 1600, 2010. (cité en page 34)

[14] D. P. OSTROWSKI, M. S. GLAZ, B. W. GOODFELLOW, V. A. AKHAVAN, M. G. PANTHANI, B. A. KORGEL et D. A. VANDEN BOUT, « Mapping spatial heterogeneity in Cu(In$_{1-x}$Ga$_x$)Se$_2$ nanocrystal-based photovoltaics with scanning photocurrent and fluorescence microscopy. », *Small*, vol. 6, p. 2832–6, déc. 2010. (cité en page 34)

[15] E. CASSETTE, T. PONS, C. BOUET, M. HELLE, L. BEZDETNAYA, F. MARCHAL et B. DUBERTRET, « Synthesis and Characterization of Near-Infrared CuInSe/ZnS Core/Shell Quantum Dots for In vivo Imaging », *Chemistry of Materials*, vol. 22, p. 6117–6124, nov. 2010. (cité en page 34)

[16] J. PARK, C. DVORACEK, K. H. LEE, J. F. GALLOWAY, H.-E. C. BHANG, M. G. POMPER et P. C. SEARSON, « CuInSe/ZnS core/shell NIR quantum dots for biomedical imaging. », *Small*, vol. 7, p. 3148–52, nov. 2011. (cité en page 34)

[17] J.-J. WANG, Y.-Q. WANG, F.-F. CAO, Y.-G. GUO et L.-J. WAN, « Synthesis of monodispersed wurtzite structure CuInSe$_2$ nanocrystals and their application in high-performance organic-inorganic hybrid photodetectors. », *Journal of the American Chemical Society*, vol. 132, p. 12218–21, sept. 2010. (cité en pages 34, 45 et 46)

[18] S. L. CASTRO, S. G. BAILEY, R. P. RAFFAELLE, K. K. BANGER et A. F. HEPP, « Nanocrystalline Chalcopyrite Materials (CuInS$_2$ and CuInSe$_2$) via Low-Temperature Pyrolysis of Molecular Single-Source Precursors », *Chemistry of Materials*, vol. 15, p. 3142–3147, août 2003. (cité en pages viii et 34)

[19] L. E. BRUS, « Electron–electron and electron-hole interactions in small semiconductor crystallites : The size dependence of the lowest excited electronic state », *The Journal of Chemical Physics*, vol. 80, p. 4403, mai 1984. (cité en pages 14, 19 et 34)

[20] L. BRUS, « Electronic wave functions in semiconductor clusters : experiment and theory », *The Journal of Physical Chemistry*, vol. 90, p. 2555–2560, juin 1986. (cité en pages 14, 19 et 34)

[21] S. TRASATTI, « The absolute electrode potential : an explanatory note (Recommendations 1986) », *Pure and Applied Chemistry*, vol. 58, no. 7, p. 955–966, 1986. (cité en page 36)

[22] C. M. CARDONA, W. LI, A. E. KAIFER, D. STOCKDALE et G. C. BAZAN, « Electrochemical considerations for determining absolute frontier orbital energy levels of conjugated polymers for solar cell applications. », *Advanced materials*, vol. 23, p. 2367–71, mai 2011. (cité en page 36)

[23] E. ARICI, N. SARICIFTCI et D. MEISSNER, « Hybrid Solar Cells Based on Nanoparticles of CuInS$_2$ in Organic Matrices », *Advanced Functional Materials*, vol. 13, p. 165–171, fév. 2003. (cité en page 36)

[24] K. KNIGHT, « The crystal structures of CuInSe$_2$ and CuInTe$_2$ », *Materials Research Bulletin*, vol. 27, p. 161–167, fév. 1992. (cité en page 36)

[25] D. K. SURI, K. C. NAGPAL et G. K. CHADHA, « X-ray study of CuGa$_x$In$_{1x}$Se$_2$ solid solutions », *Journal of Applied Crystallography*, vol. 22, p. 578–583, déc. 1989. (cité en pages viii, 37 et 40)

[26] V. M. HUXTER, T. MIRKOVIC, P. S. NAIR et G. D. SCHOLES, « Demonstration of Bulk Semiconductor Optical Properties in Processable Ag$_2$S and EuS Nanocrystalline Systems », *Advanced Materials*, vol. 20, p. 2439–2443, juin 2008. (cité en page 38)

[27] G. D. SCHOLES, « Controlling the Optical Properties of Inorganic Nanoparticles », *Advanced Functional Materials*, vol. 18, p. 1157–1172, avril 2008. (cité en page 38)

[28] C. B. MURRAY, D. J. NORRIS et M. G. BAWENDI, « Synthesis and characterization of nearly monodisperse CdE (E = sulfur, selenium, tellurium) semiconductor nanocrystallites », *Journal of the American Chemical Society*, vol. 115, p. 8706–8715, sept. 1993. (cité en pages 19, 38, 48 et 77)

[29] J. YANG, E. H. SARGENT, S. O. KELLEY et J. Y. YING, « A general phase-transfer protocol for metal ions and its application in nanocrystal synthesis. », *Nature materials*, vol. 8, p. 683–9, août 2009. (cité en pages 39 et 121)

[30] J. J. LOFERSKI, « Theoretical Considerations Governing the Choice of the Optimum Semiconductor for Photovoltaic Solar Energy Conversion », *Journal of Applied Physics*, vol. 27, p. 777, juil. 1956. (cité en page 41)

[31] J. M. LUTHER, M. LAW, Q. SONG, C. L. PERKINS, M. C. BEARD et A. J. NOZIK, « Structural, optical, and electrical properties of self-assembled films of PbSe nanocrystals treated with 1,2-ethanedithiol. », *ACS nano*, vol. 2, p. 271–80, fév. 2008. (cité en pages 41, 84 et 107)

[32] J. M. LUTHER, M. LAW, M. C. BEARD, Q. SONG, M. O. REESE, R. J. ELLINGSON et A. J. NOZIK, « Schottky solar cells based on colloidal nanocrystal films. », *Nano letters*, vol. 8, p. 3488–92, oct. 2008. (cité en pages vii, 2, 11, 41, 84 et 107)

[33] J. TANG, X. WANG, L. BRZOZOWSKI, D. A. R. BARKHOUSE, R. DEBNATH, L. LEVINA et E. H. SARGENT, « Schottky quantum dot solar cells stable in air under solar illumination. », *Advanced materials*, vol. 22, p. 1398–402, mars 2010. (cité en pages 41 et 84)

[34] J. TANG, K. W. KEMP, S. HOOGLAND, K. S. JEONG, H. LIU, L. LEVINA, M. FURUKAWA, X. WANG, R. DEBNATH, D. CHA, K. W. CHOU, A. FISCHER, A. AMASSIAN, J. B. ASBURY et E. H. SARGENT, « Colloidal-quantum-dot photovoltaics using atomic-ligand passivation. », *Nature materials*, vol. 10, p. 765–71, oct. 2011. (cité en pages vii, 13, 24, 41 et 87)

[35] X. WANG, G. I. KOLEILAT, J. TANG, H. LIU, I. J. KRAMER, R. DEBNATH, L. BRZOZOWSKI, D. A. R. BARKHOUSE, L. LEVINA, S. HOOGLAND et E. H. SARGENT, « Tandem colloidal quantum dot solar cells employing a graded recombination layer », *Nature Photonics*, vol. 5, p. 480–484, juin 2011. (cité en pages 2, 12, 41 et 87)

[36] S. M. WILLIS, C. CHENG, H. E. ASSENDER et A. a. R. WATT, « The Transitional Heterojunction Behavior of PbS/ZnO Colloidal Quantum Dot Solar Cells. », *Nano letters*, vol. 12, p. 1522–6, mars 2012. (cité en pages 41 et 87)

[37] K. RAMAKRISHNA REDDY, N. KOTESWARA REDDY et R. MILES, « Photovoltaic properties of SnS based solar cells », *Solar Energy Materials and Solar Cells*, vol. 90, p. 3041–3046, nov. 2006. (cité en page 41)

[38] O. E. OGAH, G. ZOPPI, I. FORBES et R. MILES, « Thin films of tin sulphide for use in thin film solar cell devices », *Thin Solid Films*, vol. 517, p. 2485–2488, fév. 2009. (cité en page 41)

[39] R. W. MILES, O. E. OGAH, G. ZOPPI et I. FORBES, « Thermally evaporated thin films of SnS for application in solar cell devices », *Thin Solid Films*, vol. 517, p. 4702–4705, juil. 2009. (cité en page 41)

[40] O. E. OGAH, K. R. REDDY, G. ZOPPI, I. FORBES et R. W. MILES, « Annealing studies and electrical properties of SnS-based solar cells », *Thin Solid Films*, vol. 519, p. 7425–7428, août 2011. (cité en page 41)

[41] M. NASSARY, « Temperature dependence of the electrical conductivity, Hall effect and thermoelectric power of SnS single crystals », *Journal of Alloys and Compounds*, vol. 398, p. 21–25, août 2005. (cité en pages viii et 42)

[42] S. G. HICKEY, C. WAURISCH, B. RELLINGHAUS et A. EYCHMÜLLER, « Size and shape control of colloidally synthesized IV-VI nanoparticulate tin(II) sulfide. », *Journal of the American Chemical Society*, vol. 130, p. 14978–80, déc. 2008. (cité en pages 42 et 123)

[43] Y. XU, N. AL-SALIM, C. W. BUMBY et R. D. TILLEY, « Synthesis of SnS quantum dots. », *Journal of the American Chemical Society*, vol. 131, p. 15990–1, déc. 2009. (cité en page 42)

[44] H. LIU, Y. LIU, Z. WANG et P. HE, « Facile synthesis of monodisperse, size-tunable SnS nanoparticles potentially for solar cell energy conversion. », *Nanotechnology*, vol. 21, p. 105707, mars 2010. (cité en pages 42, 43 et 124)

[45] P. REISS, M. PROTIÈRE et L. LI, « Core/Shell semiconductor nanocrystals. », *Small*, vol. 5, p. 154–68, fév. 2009. (cité en pages 17 et 45)

[46] D. H. SON, S. M. HUGHES, Y. YIN et A. PAUL ALIVISATOS, « Cation exchange reactions in ionic nanocrystals. », *Science*, vol. 306, p. 1009–12, nov. 2004. (cité en page 45)

[47] J. M. PIETRYGA, D. J. WERDER, D. J. WILLIAMS, J. L. CASSON, R. D. SCHALLER, V. I. KLIMOV et J. A. HOLLINGSWORTH, « Utilizing the lability of lead selenide to produce heterostructured nanocrystals with bright, stable infrared emission. », *Journal of the American Chemical Society*, vol. 130, p. 4879–85, avril 2008. (cité en page 45)

[48] S. DEKA, K. MISZTA, D. DORFS, A. GENOVESE, G. BERTONI et L. MANNA, « Octapod-shaped colloidal nanocrystals of cadmium chalcogenides via "one-pot" cation exchange and seeded growth. », *Nano letters*, vol. 10, p. 3770–6, sept. 2010. (cité en page 45)

[49] S. TAMANG, *Synthèse et fonctionalisation des nanocristaux émettant dans le proche infrarouge pour l'imagerie biologique.* Thèse de doctorat, Université de Grenoble, 2011. (cité en pages vii, 16, 45 et 46)

[50] S. TAMANG, G. BEAUNE, I. TEXIER et P. REISS, « Aqueous phase transfer of InP/ZnS nanocrystals conserving fluorescence and high colloidal stability. », *ACS nano*, vol. 5, p. 9392–402, déc. 2011. (cité en pages 45 et 46)

[51] W.-S. OJO, S. XU, F. DELPECH, C. NAYRAL et B. CHAUDRET, « Room-temperature synthesis of air-stable and size-tunable luminescent ZnS-coated Cd$_3$P$_2$ nanocrystals with high quantum yields. », *Angewandte Chemie (International ed. in English)*, vol. 51, p. 738–41, jan. 2012. (cité en page 46)

[52] J. BRAGAGNOLO, A. BARNETT, J. PHILLIPS, R. HALL, A. ROTHWARF et J. MEAKIN, « The design and fabrication of thin-film CdS/Cu$_2$S cells of 9.15-percent conversion efficiency », *IEEE Transactions on Electron Devices*, vol. 27, p. 645–651, avril 1980. (cité en page 46)

[53] M. B. SIGMAN, A. GHEZELBASH, T. HANRATH, A. E. SAUNDERS, F. LEE et B. A. KORGEL, « Solventless synthesis of monodisperse Cu$_2$S nanorods, nanodisks, and nanoplatelets. », *Journal of the American Chemical Society*, vol. 125, p. 16050–7, déc. 2003. (cité en page 47)

[54] T. H. LARSEN, M. SIGMAN, A. GHEZELBASH, R. C. DOTY et B. A. KORGEL, « Solventless synthesis of copper sulfide nanorods by thermolysis of a single source thiolate-derived precursor. », *Journal of the American Chemical Society*, vol. 125, p. 5638–9, mai 2003. (cité en page 47)

[55] A. E. SAUNDERS, A. GHEZELBASH, D.-M. SMILGIES, M. B. SIGMAN et B. A. KORGEL, « Columnar self-assembly of colloidal nanodisks. », *Nano letters*, vol. 6, p. 2959–63, déc. 2006. (cité en page 47)

[56] Z. ZHUANG, Q. PENG, B. ZHANG et Y. LI, « Controllable synthesis of Cu$_2$S nanocrystals and their assembly into a superlattice. », *Journal of the American Chemical Society*, vol. 130, p. 10482–3, août 2008. (cité en page 47)

[57] W. HAN, L. YI, N. ZHAO, A. TANG, M. GAO et Z. TANG, « Synthesis and shape-tailoring of copper sulfide/indium sulfide-based nanocrystals. », *Journal of the American Chemical Society*, vol. 130, p. 13152–61, oct. 2008. (cité en page 47)

[58] X.-S. DU, M. MO, R. ZHENG, S.-H. LIM, Y. MENG et Y.-W. MAI, « Shape-Controlled Synthesis and Assembly of Copper Sulfide Nanoparticles », *Crystal Growth & Design*, vol. 8, p. 2032–2035, juin 2008. (cité en page 47)

[59] S.-H. CHOI, K. AN, E.-G. KIM, J. H. YU, J. H. KIM et T. HYEON, « Simple and Generalized Synthesis of Semiconducting Metal Sulfide Nanocrystals », *Advanced Functional Materials*, vol. 19, p. 1645–1649, mai 2009. (cité en page 47)

[60] L. JIANG et Y.-J. ZHU, « Cu$_2$S nanostructures prepared by Cu-cysteine precursor templated route », *Materials Letters*, vol. 63, p. 1935–1938, sept. 2009. (cité en page 47)

[61] A. TANG, S. QU, K. LI, Y. HOU, F. TENG, J. CAO, Y. WANG et Z. WANG, « One-pot synthesis and self-assembly of colloidal copper(I) sulfide nanocrystals. », *Nanotechnology*, vol. 21, p. 285602, juil. 2010. (cité en page 47)

[62] M. LOTFIPOUR, T. MACHANI, D. P. ROSSI et K. E. PLASS, « α-Chalcocite Nanoparticle Synthesis and Stability », *Chemistry of Materials*, vol. 23, p. 3032–3038, juin 2011. (cité en page 47)

[63] J. GAO, Q. LI, H. ZHAO, L. LI, C. LIU, Q. GONG et L. QI, « One-Pot Synthesis of Uniform Cu$_2$O and CuS Hollow Spheres and Their Optical Limiting Properties », *Chemistry of Materials*, vol. 20, p. 6263–6269, oct. 2008. (cité en page 47)

[64] Y. ZHAO, H. PAN, Y. LOU, X. QIU, J. ZHU et C. BURDA, « Plasmonic Cu$_{2-x}$S nanocrystals : optical and structural properties of copper-deficient copper(I) sulfides. », *Journal of the American Chemical Society*, vol. 131, p. 4253–61, mai 2009. (cité en page 47)

[65] I. KRIEGEL, C. JIANG, J. RODRÍGUEZ-FERNÁNDEZ, R. D. SCHALLER, D. V. TALAPIN, E. da COMO et J. FELDMANN, « Tuning the excitonic and plasmonic properties of copper chalcogenide nanocrystals. », *Journal of the American Chemical Society*, vol. 134, p. 1583–90, jan. 2012. (cité en pages 47 et 48)

[66] Y. WU, C. WADIA, W. MA, B. SADTLER et A. P. ALIVISATOS, « Synthesis and photovoltaic application of copper(I) sulfide nanocrystals. », *Nano letters*, vol. 8, p. 2551–5, août 2008. (cité en pages 47 et 107)

[67] M. POSFAI et P. R. BUSECK, « Djurleite, digenite, and chalcocite : Intergrowths and transformations », *American Mineralogist*, vol. 79, p. 308–315, 1994. (cité en page 48)

[68] S. C. RIHA, D. C. JOHNSON et A. L. PRIETO, « Cu$_2$Se nanoparticles with tunable electronic properties due to a controlled solid-state phase transition driven by copper oxidation and cationic conduction. », *Journal of the American Chemical Society*, vol. 133, p. 1383–90, fév. 2011. (cité en page 48)

[69] K. KALYANASUNDARAM, E. BORGARELLO, D. DUONGHONG et M. GRÄTZEL, « Cleavage of Water by Visible-Light Irradiation of Colloidal CdS Solutions ; Inhibition of Photocorrosion by RuO$_2$ », *Angewandte Chemie International Edition in English*, vol. 20, p. 987–988, nov. 1981. (cité en page 48)

[70] R. ROSSETTI et L. BRUS, « Electron-hole recombination emission as a probe of surface chemistry in aqueous cadmium sulfide colloids », *The Journal of Physical Chemistry*, vol. 86, p. 4470–4472, nov. 1982. (cité en pages 14, 19 et 48)

[71] R. ROSSETTI, S. NAKAHARA et L. E. BRUS, « Quantum size effects in the redox potentials, resonance Raman spectra, and electronic spectra of CdS crystallites in aqueous solution », *The Journal of Chemical Physics*, vol. 79, p. 1086–1088, juil. 1983. (cité en pages 14, 19 et 48)

[72] A. FOJTIK, H. WELLER, U. KOCH et A. HENGLEIN, « Photo-Chemistry of Colloidal Metal sulfides - Part 8. Photo-Physics of Extremely Small CdS Particles : Q-State CdS and Magic Agglomeration Numbers. », *Berichte der Bunsengesellschaft/Physical Chemistry Chemical Physics*, vol. 88, no. 10, p. 969–977, 1984. (cité en pages 19 et 48)

[73] U. KOCH, A. FOJTIK, H. WELLER et A. HENGLEIN, « Photochemistry of semiconductor colloids. Preparation of extremely small ZnO particles, fluorescence phenomena and size quantization effects », *Chemical Physics Letters*, vol. 122, p. 507–510, déc. 1985. (cité en page 48)

[74] L. SPANHEL, M. HAASE, H. WELLER et A. HENGLEIN, « Photochemistry of colloidal semiconductors. 20. Surface modification and stability of strong luminescing CdS particles », *Journal of the American Chemical Society*, vol. 109, p. 5649–5655, sept. 1987. (cité en pages 19 et 48)

[75] W. W. YU et X. PENG, « Formation of high-quality CdS and other II-VI semiconductor nanocrystals in noncoordinating solvents : tunable reactivity of monomers. », *Angewandte Chemie International Edition in English*, vol. 41, p. 2368–71, juil. 2002. (cité en page 48)

[76] W. W. YU, L. QU, W. GUO et X. PENG, « Experimental Determination of the Extinction Coefficient of CdTe, CdSe, and CdS Nanocrystals », *Chemistry of Materials*, vol. 15, p. 2854–2860, juil. 2003. (cité en pages 25, 48, 76 et 78)

[77] L. MANNA, E. C. SCHER, L.-S. LI et A. P. ALIVISATOS, « Epitaxial Growth and Photochemical Annealing of Graded CdS/ZnS Shells on Colloidal CdSe Nanorods », *Journal of the American Chemical Society*, vol. 124, p. 7136–7145, juin 2002. (cité en page 48)

[78] L. CARBONE, C. NOBILE, M. DE GIORGI, F. D. SALA, G. MORELLO, P. POMPA, M. HYTCH, E. SNOECK, A. FIORE, I. R. FRANCHINI, M. NADASAN, A. F. SILVESTRE, L. CHIODO, S. KUDERA, R. CINGOLANI, R. KRAHNE et L. MANNA, « Synthesis and micrometer-scale assembly of colloidal CdSe/CdS nanorods prepared by a seeded growth approach. », *Nano letters*, vol. 7, p. 2942–50, oct. 2007. (cité en pages 18, 48 et 128)

[79] J. TAYLOR, T. KIPPENY et S. J. ROSENTHAL, « Surface Stoichiometry of CdSe Nanocrystals Determined by Rutherford Backscattering Spectroscopy », *Journal of Cluster Science*, vol. 12, no. 4, p. 571–582, 2001. (cité en page 50)

[80] A. SHAVEL, D. CADAVID, A. CARRETE et A. CABOT, « Continuous Production of Cu_2ZnSnS_4 Nanocrystals in a Flow Reactor », 2011. (non cité)

[81] Y. C. ZHANG, Z. N. DU, K. W. LI et M. ZHANG, « Size-controlled hydrothermal synthesis of SnS_2 nanoparticles with high performance in visible light-driven photocatalytic degradation of aqueous methyl orange », *Separation and Purification Technology*, vol. 81, p. 101–107, sept. 2011. (non cité)

[82] Y. C. ZHANG, J. LI, M. ZHANG et D. D. DIONYSIOU, « Size-tunable hydrothermal synthesis of SnS_2 nanocrystals with high performance in visible light-driven photocatalytic reduction of aqueous Cr(VI). », *Environmental science & technology*, vol. 45, p. 9324–31, nov. 2011. (non cité)

[83] R. LUCENA, F. FRESNO et J. C. CONESA, « Hydrothermally synthesized nanocrystalline tin disulphide as visible light-active photocatalyst : Spectral response and stability », *Applied Catalysis A : General*, vol. 415-416, p. 111–117, fév. 2012. (non cité)

[84] X.-L. GOU, J. CHEN et P.-W. SHEN, « Synthesis, characterization and application of SnS_x (x=1, 2) nanoparticles », *Materials Chemistry and Physics*, vol. 93, p. 557–566, oct. 2005. (non cité)

[85] J.-w. SEO, J.-t. JANG, S.-w. PARK, C. KIM, B. PARK et J. CHEON, « Two-Dimensional SnS_2 Nanoplates with Extraordinary High Discharge Capacity for Lithium Ion Batteries », *Advanced Materials*, vol. 20, p. 4269–4273, nov. 2008. (non cité)

[86] G. B. DUBROVSKII, « Crystal structure and electronic spectrum of SnS_2 », *Physics of the Solid State*, vol. 40, p. 1557–1562, sept. 1998. (non cité)

[87] H. ZHONG, G. YANG, H. SONG, Q. LIAO, H. CUI, P. SHEN et C.-X. WANG, « Vertically Aligned Graphene-Like SnS_2 Ultrathin Nanosheet Arrays : Excellent Energy Storage, Catalysis, Photoconduction, and Field-Emitting Performances », *The Journal of Physical Chemistry C*, vol. 116, p. 120413163714000, avril 2012. (non cité)

[88] D. MA, H. ZHOU, J. ZHANG et Y. QIAN, « Controlled synthesis and possible formation mechanism of leaf-shaped SnS_2 nanocrystals », *Materials Chemistry and Physics*, vol. 111, p. 391–395, oct. 2008. (non cité)

[89] J. YANG, Q. TIAN, Z. CHEN, X. XU et L. ZHA, « Synthesis and characterization of tin disulfide hexagonal nanoflakes via solvothermal decomposition », *Materials Letters*, vol. 67, p. 32–34, jan. 2012. (non cité)

Chapitre 3

Etude des NCs de SnS par spectroscopie Mössbauer

Sommaire

3.1 Motivations : mise en évidence d'une coquille amorphe

Lors de l'étude par HRTEM de nanocristaux de SnS, nous avons mis en évidence la présence d'une coquille amorphe d'origine et de nature inconnue (Figure 3.1). Les techniques usuelles de caractérisation à notre disposition ne permettent malheureusement pas de conclure sur la nature de cette coquille. Les hypothèses les plus probables étant la présence d'une coquille amorphe de SnS, d'une autre phase (e.g. SnS_2, Sn_2S_3) ou d'oxyde d'étain. L'information alors nécessaire pour trancher serait d'obtenir une mesure quantitative des différents degrés d'oxydation de l'étain. Il nous est alors apparu indispensable de faire une étude par spectroscopie Mössbauer de nos NCx.

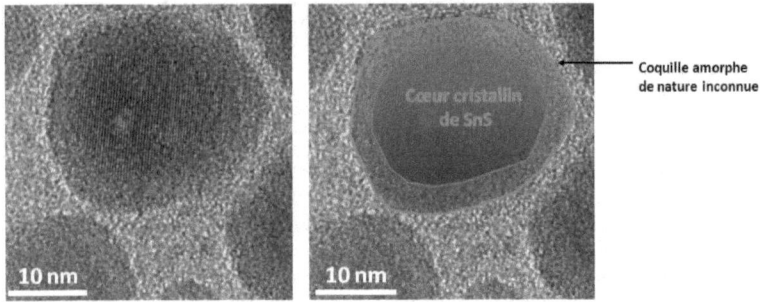

Coquille amorphe
de nature inconnue

Cœur cristallin
de SnS

Fig. 3.1 – Cliché HRTEM de nanocristaux de SnS révèlant une coquille amorphe de nature inconnue.

Si les DRX et l'EDS nous donnent des informations précieuses quant à la composition globale de l'échantillon, ils ne permettent pas de statuer sur la présence de $Sn^{(II)}$ ou de $Sn^{(IV)}$. De même, une analyse par RMN ^{119}Sn ne permet que d'accéder à l'étain en solution et les nanocristaux, bien que formant une solution colloïdale, sont invisibles en RMN liquide.

La spectroscopie Mössbauer, analyse permettant de déterminer le degré d'oxydation et l'environnement d'éléments chimiques, est donc l'outil indispensable pour nous fournir les informations manquantes. La technique est basée sur la mesure d'une poudre et donc convient à nos échantillons. Nous avons donc démarré une collaboration avec l'institut JEAN LAMOUR de Nancy et plus particulièrement avec Bernard MALAMAN, spécialiste de la spectroscopie Mössbauer. Nous présentons donc dans ce chapitre les résultats obtenus par cette méthode d'analyse.

Comme nous le montre la figure 3.1, les nanocristaux révèlent un cœur cristallin avec les plans atomiques visibles correspondant à une distance inter-réticulaire de 2,9 Å (caractéristique du plan (101) de la maille orthorhombique de SnS). La première conclusion est que la coquille est amorphe d'une épaisseur importante (1-2 nm). Viennent ensuite les possibilités évoquées précédemment :
- la coquille est du SnS amorphe : cela implique donc que les nanocristaux n'aient pas bien cristallisé pendant la synthèse (température de synthèse trop faible) ;
- la coquille est de l'oxyde d'étain SnO_x : les nanocristaux seraient sensibles à l'exposition à l'air et le SnS se transformerait en SnO_x à la surface.
- la coquille contient d'autres phases du sulfure d'étain comme SnS_2, Sn_2S_3.
Connaître le degré d'oxydation de l'étain dans l'échantillon devrait donc permettre de sélectionner une des hypothèses.

3.2 Principe du Mössbauer

La spectroscopie Mössbauer est basée sur l'émission sans recul et la résonance d'absorption d'une radiation γ du noyau d'un atome. Cette technique de spectroscopie a été découverte par Rudolf Mössbauer ce qui lui a valu le prix Nobel de physique de 1961. [1–3] Pour qu'un élément présente un effet Mössbauer, il doit présenter un spin non nul. A l'instar de la température de Curie pour les supraconducteurs, la spectroscopie Mössbauer a un coefficient, dit de Lamb-Mössbauer, qui est fortement dépendent de la température et différent pour chaque état d'oxydation. Il représente la probabilité que l'énergie du photon interagisse avec les vibrations du réseau (phonons) et change l'état du noyau. [4] C'est pourquoi il est important de travailler à très basse température pour s'affranchir de toute émission/absorption parasite.

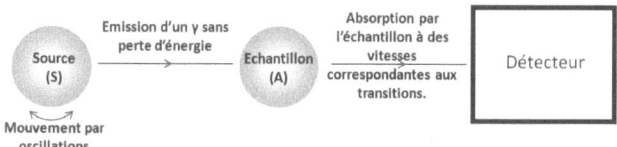

Fig. 3.2 – Schéma de principe de la spectroscopie Mössbauer.

Expérimentalement, on irradie un échantillon contenant de l'étain par rayonnement γ à l'aide d'un source radioactive d'étain et l'échantillon absorbe sans recul la particule γ, c'est-à-dire sans perte d'énergie, et la restitue sous forme d'un photon. Selon la nature du noyau, la transition entre les états fondamentaux et excités sera différente (pour $Sn^{(0)}$, $Sn^{(II)}$ ou $Sn^{(IV)}$, l'énergie absorbée sera donc fonction de cette transition). Afin de faire varier l'énergie de la source émettrice, on fait bouger par oscillation la source d'étain qui par effet Doppler, va pouvoir étendre l'énergie du photon émis autour des énergies de transition de l'atome. Le détecteur recevra ainsi une gamme de photons d'énergie différente mais proche en énergie. L'échantillon absorbera à des énergies spécifiques des états de l'atome d'étain le composant et émettra là où il n'absorbe pas. On obtiendra donc un spectre avec des « pics » négatifs correspondants aux transitions énergétiques du noyau de l'atome d'étain. Ainsi, il nous sera possible de déterminer les paramètres hyperfins spécifiques à la spectroscopie Mössbauer que sont l' « isomer shift », le « quadrupole splitting » et l' « hyperfine splitting ».

3.2.1 Le déplacement isomérique ou « Isomer shift » (IS)

Le déplacement isomérique, provient de l'interaction entre la densité de charge du noyau et la charge du nuage électronique « s ». On voit donc ici bien que le nombre d'électrons dans la couche s est déterminant. Pour le cas de l'étain, trois formes sont présentes :
- $Sn^{(0)}$: $[Kr]\ 4d^{10}5s^25p^2$
- $Sn^{(II)}$: $[Kr]\ 4d^{10}5s^05p^2$
- $Sn^{(IV)}$: $[Kr]\ 4d^{10}5s^05p^0$

L'étain présentera donc trois déplacements isomériques caractéristiques correspondant à $Sn^{(0)}$, $Sn^{(II)}$ ou $Sn^{(IV)}$. Cependant, l'environnement chimique de l'atome d'étain influant également sur ce déplacement, sa valeur sera légèrement modifiée en fonction des atomes qui l'entourent. En d'autres termes, le déplacement isomérique d'un atome d'étain +IV lié à des atomes d'oxygène, sera différent de celui d'un atome d'étain +IV lié à des atomes de soufre. Pour résumer, le déplacement isomérique nous donne deux informations : l'état de spin et la coordinence (Figure 3.3a).

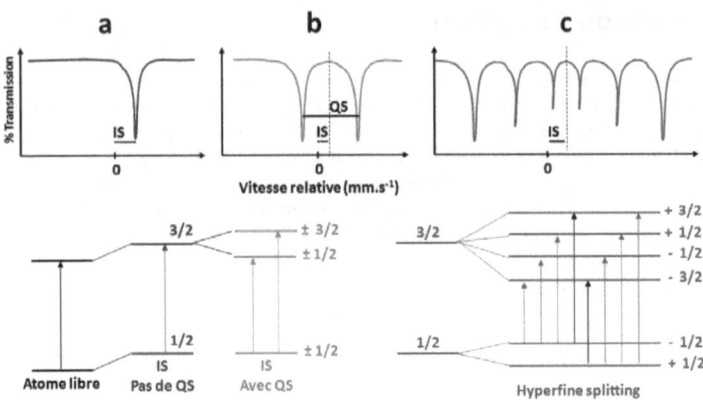

Fig. 3.3 – Schéma résumant les différentes interactions hyperfines et leur spectre type.

3.2.2 Quadrupole splitting (QS)

Les noyaux atomiques possèdent un moment quadripolaire électrique induit par la répartition anisotrope des charges dans le noyau. Ce moment quadripolaire peut interagir avec n'importe quel champ électrique environnant, notamment celui généré par le mouvement des électrons : c'est le quadrupole splitting. Il représente donc la symétrie des charges autour du noyau.

Expérimentalement, le quadrupole splitting est représenté par le dédoublement de pics menant à l'existence d'un doublet ou d'un singulet en cas de QS nul. L'écart entre les pics du doublet (en mm.s^{-1}) représente le QS et est une donnée discriminante pour l'identification d'une phase (Figure 3.3b).

3.2.3 Hyperfine splitting

Ce terme, équivalent à l'effet Zeeman, correspond à une subdivision des niveaux d'énergies des atomes lorsqu'ils sont soumis à un champ magnétique. Dans la plupart des cas, l'effet ressenti est faible et on observe uniquement un élargissement des raies.

Cet effet est généralement bien décrit pour la spectroscopie Mössbauer du fer dans laquelle le champ magnétique entraîne un dédoublement des raies très important (Figure 3.3c).

3.3 Expérience, mesure des échantillons

Afin de mesurer nos échantillons de nanocristaux dans le spectromètre Mössbauer, la préparation des échantillons nécessite de broyer la poudre afin d'en faire une couche mince qui sera analysée. Par définition, l'« effet » représente le rapport du pic le plus bas sur le bruit de fond (comme c'est de la transmission, le bruit de fond aura la valeur la plus haute). Afin d'obtenir une bonne résolution des pics, il est nécessaire d'avoir un effet pas trop élevé (de l'ordre de 10 %) au risque d'avoir un élargissement des pics et une interprétation des interactions hyperfines hasardeuse. L'intensité des pics étant directement liée aux atomes vibrants, on voit bien que dans des matériaux nanométriques où la proportion d'atomes de surface et donc d'atomes vibrants est beaucoup plus élevée, on mesure un effet plus grand pour un nano-matériau que pour un matériau massif pour une masse équivalente (Figure 3.4). Il faut donc adapter la masse de nos poudres pour avoir un effet moyen (dans notre cas, 6-10 %).

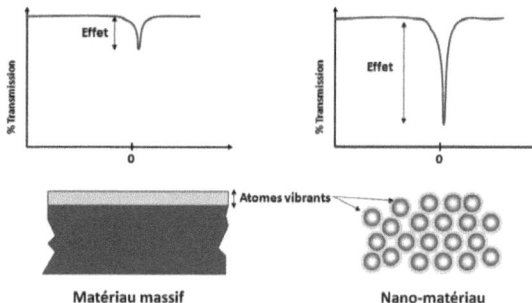

Fig. 3.4 – Schéma représentant l'effet nano des atomes en spectroscopie Mössbauer avec des atomes vibrants plus nombreux.

3.4 Résultats et discussion

3.4.1 Caractérisation hors spectroscopie Mössbauer des nanocristaux de SnS avec coquille

Afin d'évaluer correctement l'influence des précurseurs sur les propriétés des NCs de SnS, nous avons suivi plusieurs voies de synthèse combinant différents précurseurs. Deux de ces protocoles existent dans la littérature, [5,6] nous en avons effectué quatre de plus. Comme exposé dans le chapitre 2, nous avons réalisé la matrice de synthèse présentée dans le tableau 3.1.

	Thioacetamide	$(TMS)_2S$	S(élémentaire)
$((TMS)_2N)_2Sn$	Protocole B	Protocole C	Protocole E
$SnCl_2$	Protocole A	Protocole D	Protocole F

Tab. 3.1 – Résumé des différents protocoles réalisés avec les différents précurseurs.

Les spectres d'absorption dans la gamme du proche infrarouge à l'ultraviolet des différents protocoles sont présentés figure 3.4.1. Ils montrent tous un seuil large d'absorption autour de 700 nm excepté pour les NCx du protocole C qui absorbent aux alentours de 900 nm. Le SnS ayant un gap pour le massif de 1,3 eV, on s'attendrait à avoir une absorption vers 950 nm, sauf si les nanocristaux synthétisés présentent un confinement quantique. Malgré quelques maigres informations concernant les masses effectives et la permittivité diélectrique statique du SnS, il est délicat de conclure quant à un éventuel confinement. Par exemple, si on utilise les valeurs proposés par Nassary et coll.,un gap de 1,8 eV (700 nm) donne une taille moyenne des nanocristaux de 6 nm alors qu'expérimentalement pour une variation de la taille de 6 à 15 nm, nous n'observons pas de changement dans l'absorption. [7] De plus, aucun confinement quantique pour ce matériau n'a déjà été rapporté, ce qui complique encore plus l'éventuel calcul d'un rayon de Bohr. Pour résumer, la dispersion en taille des nanocristaux explique probablement l'absence de pics mieux définis dans le spectre d'absorption.

Les spectres de diffraction des rayons X sur poudres (Figure 3.4.1) nous révèlent précisément la structure cristalline de ces nanocristaux. En revanche, si une coquille amorphe existe, les rayons X ne permettront pas d'identifier cette phase. Cependant, tous les protocoles de synthèse laissent apparaître de larges pics pouvant être indexés au même spectre référence ce qui prouve l'absence d'effet des précurseurs sur la phase cristalline finale. Le diffractogramme du protocole C laisse apparaître des pics plus fins, attribués à des cristallites plus grandes, ce qui a été observé lors de la synthèse (les nanocristaux précipitaient très rapidement).

Le SnS massif cristallise généralement sous la forme cubique (Halite, de groupe d'espace Fm-3m) mais ici les nanocristaux sont indexés comme une phase moins symétrique correspondant à la structure cristalline orthorhombique ayant comme groupe d'espace *Pbnm* qui a pour paramètre de maille a = 4,3291 ; b = 11,1923 ; c =3,9838 Å (*JCPDS #39-354*).

Nous ne voyons pas dans ces diffractogrammes de pics non indexés qui pourraient appartenir à d'autres phases comme l'oxyde d'étain (SnO_2, cassitérite) ou au disulfure d'étain (SnS_2, berndtite). Cette information est cohérente avec l'analyse HRTEM qui montre une coquille amorphe.

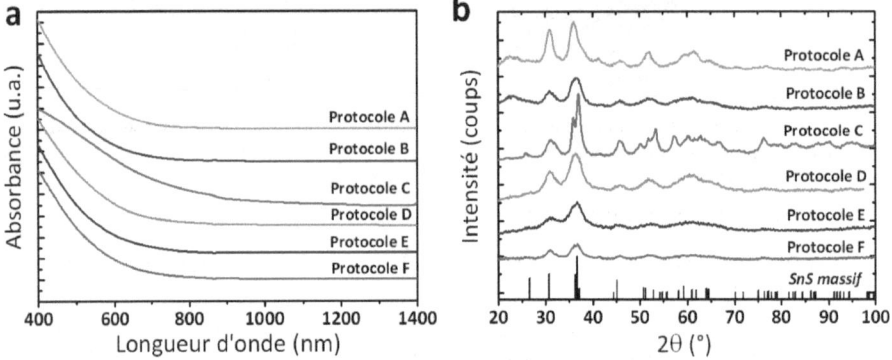

Fig. 3.5 – **a)** Spectres d'absorption UV-vis-NIR des nanocristaux de SnS dans le chloroforme synthétisés par les différents protocoles. **b)** Diffractogrammes par rayons X des mêmes échantillons utilisant une source au cobalt ($\lambda = 1{,}789$ Å) comparés au pattern du SnS massif révélant le groupe d'espace *Pbnm* (*JCPDS #39-354*). Les spectres ont été décalés verticalement pour la clarté de lecture.

Contrairement aux spectres d'absorption et aux diffractogrammes précédents, l'étude par STEM et par HRTEM (Figure 3.6), présente des différences significatives entre les différents échantillons. Les protocoles basés sur le chlorure d'étain font apparaître des nanocristaux d'une taille moyenne de 13 et 7.5 nm avec une distribution en taille étroite (protocoles A et D respectivement). Dans ces deux cas, la taille des NCs peut être ajustée de 5 à 25 nm en faisant varier les conditions de temps (5-120 min) et de température (80-180 °C). Au-delà de 180 °C, les NCs synthétisés précipitent. Le protocole E, basé sur le précurseur très réactif, un dérivé du stanylène de LAPPERT $(((TMS)_2N)_2Sn)$, donne des NCs de taille moyenne de 17 nm avec également une étroite dispersion. A l'inverse, les protocoles B et F font apparaître une importante distribution en taille.

Les paramètres de maille extraits des images HRTEM correspondent à la famille de plans (121) pour 2,6 Å, (101) pour 2,9 Å, et (021) pour 3,1 Å. Sur le cliché HRTEM du protocole A (fig. 3.6a) on distingue clairement une épaisse coquille de 3 nm amorphe autour du cœur cristallin. Cette coquille amorphe n'est pas visible sur les autres protocoles. Suite à cette observation, on formule l'hypothèse que seul le protocole A présente une coquille probablement suite à une oxydation de surface que n'ont pas les NCs synthétisés par les autres protocoles.

L'analyse par EDS nous permet d'obtenir la proportion massique de chaque élément contenu dans l'échantillon. Cette mesure est une moyenne sur l'ensemble des NCs car une couche épaisse (quelques µm) est déposée sur un substrat de silicium pour analyse. Cette analyse devrait nous permettre de discriminer les protocoles sachant que la présence d'une coquille d'oxyde (aussi bien amorphe que cristalline), doit révéler une différence dans les rapports de masse des éléments. Si la coquille provient d'une oxydation de surface, les nanocristaux doivent être déficients en souffre sur l'analyse finale. Cependant, les résultats exposés dans le tableau 3.2 montrent que pour tous les protocoles, un rapport

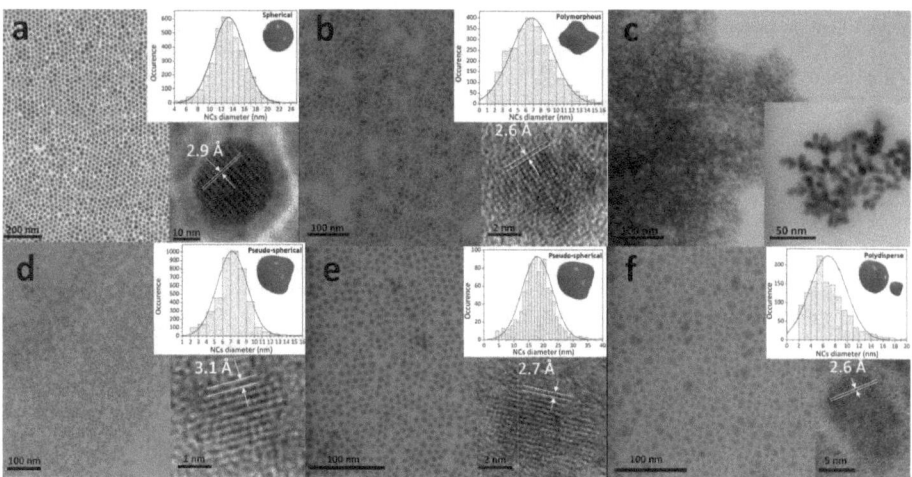

Fig. 3.6 – Clichés STEM et HRTEM ainsi que la distribution en taille des NCs de SnS synthétisés par **a)** Protocole A, **b)** Protocole B, **c)** Protocole C (pas de clichés TEM car les NCs ont précipités), **d)** Protocole D, **e)** Protocole E. **f)** Protocole F.

Protocoles	Rapport EDS		Taille RX	Taille STEM
	Etain	Soufre		
Protocole A	46,5 %	53,5 %	13,3 nm	14 nm
Protocole B	48,6 %	51,4 %	6,7 nm	7 nm
Protocole C	45,5 %	54,5 %	23,4 nm	-
Protocole D	48,0 %	52,0 %	6,8 nm	7 nm
Protocole E	48,4 %	51,6 %	14,8 nm	17 nm
Protocole F	47,5 %	52,5 %	7,2 nm	8 nm

Tab. 3.2 – Résumé des mesures EDS ainsi que des tailles des NCs extraient des données RX et STEM.

Sn:S proche de 1:1 est observé. Nous n'observons donc pas de différence franche de composition entre les différents protocoles.

A travers ces analyses dites de routine, nous avons pu extraire les informations suivantes :

- l'influence des précurseurs sur l'absorption UV-visible et la phase cristalline des NCx est faible ;

- l'influence des précurseurs sur la distribution en taille est importante ;

- la présence d'une coquille sur un des protocoles (A) laisse à penser qu'uniquement sur cette procédure, les NCs sont recouverts d'une coquille amorphe ; seulement, les résultats EDS ne confirment pas de différences significatives entre les protocoles sur les proportions des éléments ;

- la nature de la coquille amorphe n'a pas pu être identifiée.

3.4.2 Caractérisation des NCs par spectroscopie Mössbauer

La spectroscopie Mössbauer peut nous permettre de répondre aux hypothèses précédemment soulevées. Nous attendons de cette analyse deux niveaux de réponse : une quantification des ions $Sn^{(II)}$ et $Sn^{(IV)}$, et si possible, une attribution de ces ions à un environnement chimique précis permettant une identification des phases (SnS, SnO_2, SnS_2, Sn_2S_3). Des travaux utilisant la spectroscopie Mössbauer sur des NCs de SnO_2 ont déjà été réalisés dans le groupe de CHAUDRET à Toulouse [8–10] ainsi qu'à Karlsruhe dans le groupe de FELDMANN. [11]

Nous avons donc mesuré nos poudres de NCs de SnS à température ambiante ainsi qu'a 10 K. Les mesures basses températures ont été réalisées avec un cryostat à hélium liquide.

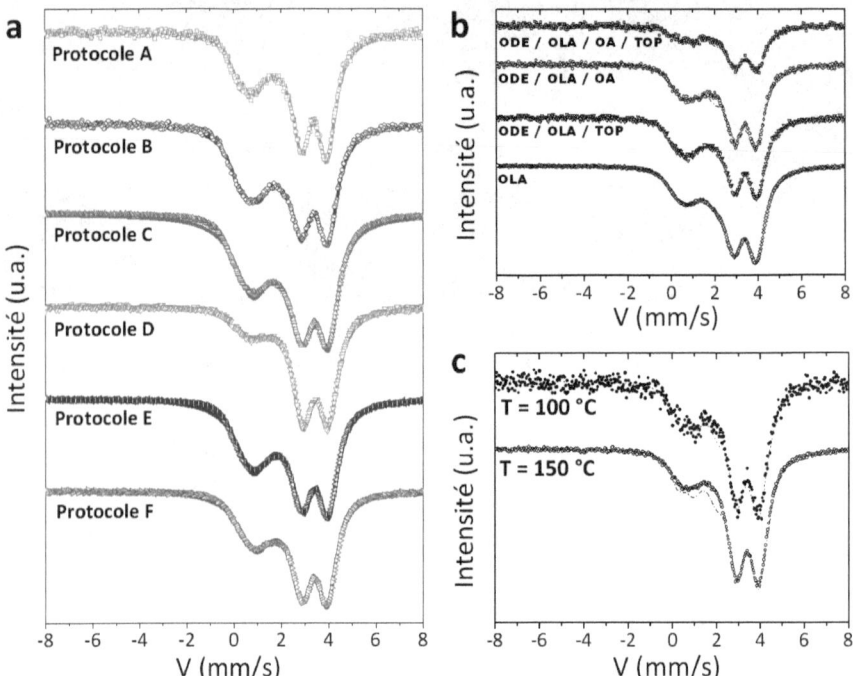

Fig. 3.7 – Spectres Mössbauer mesurés à 10 K avec comme référence une source de $BaSnO_3$ pour **a)** les échantillons préparés par les différents protocoles (la ligne continue des spectres superposés aux points correspond au fit), **b)** le protocole A avec différentes combinaisons de ligands, **c)** le protocole A utilisant différentes températures de nucléation. Les spectres ont été décalés verticalement pour une meilleure lisibilité.

Les spectres Mössbauer enregistrés à 10 K (Figure 3.7) montrent deux grosses familles de pics. Un premier large singulet dans les environs de 0,4 mm.s^{-1} et un doublet légèrement asymmetrique autour de 3,2 mm.s^{-1}. Cependant, contrairement à nos attentes, tous les protocoles ont approximativement le même spectre, alors que seuls les NCs issus du protocole A présentaient une structure cœur/coquille à l'analyse HRTEM. Il est important ici de préciser que tous les échantillons mesurés ont été purifiés à l'air après synthèse, paramètre important pour la suite de l'analyse. Si on se réfère à la littérature, $Sn^{(IV)}$ contenu dans le SnO_2 donne un singulet autour de 0 mm.s^{-1} et $Sn^{(II)}$ contenu dans le SnS, un doublet centré sur 3,4 mm.s^{-1}. [12] Il semblerait donc à première vue que les échantillons contiennent deux fractions : une de SnS et une de SnO_2. A l'exception du protocole D qui semble contenir une fraction plus faible de $Sn^{(IV)}$ (environ 15 %), tous les protocoles contiennent les mêmes proportions de $Sn^{(II)}$ et de $Sn^{(IV)}$, de l'ordre de 60:40 respectivement (Tableau 3.3). Néanmoins, le singulet ne peut pas exclusivement être attribué à du SnO_2 pour plusieurs raisons. Premièrement, le déplacement isomérique (IS) de ce pic est décalé assez fortement (0,4 mm.s^{-1}) par rapport à la valeur de SnO$_2$, qui est mesuré sur un matériau cristallin, alors que le notre ne présente aucun pic caractéristique de SnO$_2$ sur les diffractogrammes des rayons X (fig. 3.4.1b). D'autres contributions peuvent venir des matériaux Sn$_2$S$_3$ et SnS$_2$ qui ont des IS respectivement de 1.15 mm.s^{-1} et 1.3 mm.s^{-1}. En simulant le spectre mesuré pour réellement connaître la composition de l'échantillon, on doit combiner les trois phases pour arriver à approcher le pic expérimental. Compte tenu de ces conclusions, nous attribuons la nature de la coquille à une phase ternaire amorphe composée d'étain, de soufre et d'oxygène.

	Oxydation de l'élément	Proportion (en %)	Isomer shift (mm.s^{-1})	Quadrupolar splitting (mm.s^{-1})
Protocole A	Sn$^{(IV)}$	21	0,6	0,7
	Sn$^{(II)}$	16	3,0	2,1
	Sn$^{(II)}$	63	3,3	1,1
Protocole B	Sn$^{(IV)}$	43	0,4	0,7
	Sn$^{(II)}$	15	3,0	1,7
	Sn$^{(II)}$	42	3,4	1,2
Protocole C	Sn$^{(IV)}$	32	0,8	-
	Sn$^{(II)}$	42	2,9	-
	Sn$^{(II)}$	26	4,0	-
Protocole D	Sn$^{(IV)}$	4	0,0	-
	Sn$^{(IV)}$	8	0,8	-
	Sn$^{(II)}$	4	1,5	-
	Sn$^{(II)}$	84	3,5	1,1
Protocole E	Sn$^{(IV)}$	38	0,8	-
	Sn$^{(II)}$	36	2,9	-
	Sn$^{(II)}$	26	4,0	-
Protocole F	Sn$^{(IV)}$	33	0,9	-
	Sn$^{(II)}$	37	2,9	-
	Sn$^{(II)}$	30	4,0	-

Tab. 3.3 – Paramètres utilisés pour le calcul des fits des spectres de la figure 3.7a pour les différents protocoles.

3.4.2.1 Rôle des ligands

Si nous avons bien mis en évidence la présence d'étain +IV, nous ne comprenons pas encore sa provenance : les synthèses sont réalisées avec une rampe à vide sous argon dans laquelle un vide primaire est appliqué (0.05 mbar, 5 Pa) pendant une heure avant d'être mis sous argon pour effectuer la synthèse. Les surfactants ajoutés dans le ballon pour qu'ils complexent le précurseur, peuvent éventuellement jouer un rôle. Ces ligands contrôlent notamment la cinétique de la réaction et stabilisent les particules colloïdales. Par conséquent, la nature chimique de ces ligands peut avoir un impact direct sur le degré d'oxydation de l'atome qu'il complexe. Dans ce contexte, une interaction entre ligands pourrait engendrer une oxydation. [13]

Premièrement, nous avons trouvé que ni le TOP seul, ni l'OA seul ne complexaient le chlorure d'étain. En revanche, une combinaison des deux conduit rapidement à une complexation, visible par la dissolution de la poudre blanche du chlorure d'étain en une solution transparente. Nous avons attribué ce comportement à la déprotonation de la fonction carboxylique de l'OA par le TOP. Cet oléate ainsi formé, complexerait ensuite facilement l'étain. Deuxièmement, l'utilisation de l'OLA uniquement suffit à complexer le chlorure sans ajout d'autres surfactants. Nous avons donc remplacé successivement le

TOP et l'OA par de l'OLA afin d'analyser l'impact de chaque ligand sur l'oxydation de Sn.

La figure 3.7b nous montre les spectres Mössbauer des différentes combinaisons de ligands ajoutés lors de la synthèse. En dehors de ce paramètre, aucune des conditions n'a été changée. A première vue, les spectres ne présentent pas de changements significatifs au niveau de la proportion $Sn^{(II)}/Sn^{(IV)}$. Similairement, les paramètres hyperfins ne permettent pas de trancher sur l'influence d'un ligand en particulier. Toutes les combinaisons de ligands mènent à une quantité de $Sn^{(IV)}$ équivalente.

Pour résumer, les ligands ont une influence sur la solubilité/complexation des précurseurs mais ne semblent pas être à l'origine du processus d'oxydation de Sn.

3.4.2.2 Rôle de la température

La température est un paramètre important qui peut également avoir une influence sur l'oxydation. En règle générale, pour un système donné, les synthèses à températures plus basses (100 °C) conduisent à des nanoparticules moins bien cristallisées et les structures amorphes sont plus sensibles à l'oxydation. Comme exposé dans la figure 3.7c, les spectres Mössbauer ne montrent pas de différence entre une synthèse effectuée à 100 °C et une autre effectuée à 150 °C. La température ne semble donc pas être le facteur induisant l'oxydation.

3.4.2.3 Rôle du précurseur

Nous avons ensuite examiné l'hypothèse d'une contamination du précurseur $SnCl_2$. Bien que celui-ci soit stocké en boîte à gants sous argon, il est possible qu'une oxydation partielle ait eu lieu au fil du temps. A travers la RMN de l'étain, une analyse de la présence d'atomes d'étain +IV est possible. Nous avons donc mesuré le spectre RMN ^{119}Sn de ce précurseur (fig. 3.8a) et l'absence d'un pic aux alentours de -150 ppm dans notre spectre indique qu'il n'y a pas de $Sn^{(IV)}$. Cependant, le $Sn^{(II)}$ apparaît bien à 260 ppm. Nous avons également essayé la mesure de ce précurseur dans différents mélanges solvant/surfactant, mais l'analyse est difficile et l'intensité des pics faibles par exemple dans un mélange TOP/OA. L'influence des surfactants sur les spectres RMN ^{119}Sn montre un décalage des déplacements chimiques mais pas d'éventuel deuxième pic qui pourrait appartenir à du $Sn^{(IV)}$.

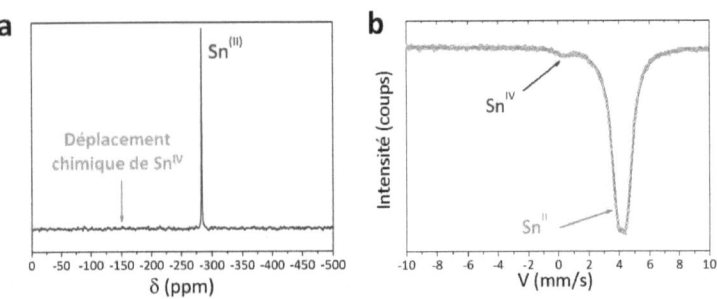

Fig. 3.8 – Spectres de $SnCl_2$ mesuré par a) RMN ^{119}Sn dissous dans de l'éthanol, b) Par spectroscopie Mössbauer avec la poudre de $SnCl_2$.

Le spectre Mössbauer (fig. 3.8b) de $SnCl_2$ révèle quant à lui un pourcentage non négligeable de $Sn^{(IV)}$ de l'ordre de 2 à 3 %. Il est important de préciser ici que toute la préparation de l'échantillon a été effectuée en boîte à gants. Ce résultat, différent de la RMN ^{119}Sn, montre la très grande sensibilité de la spectroscopie Mössbauer sur la mesure des degrés d'oxydation. La mesure a été effectuée sur un précurseur de $SnCl_2$ nouvellement ouvert en boîte à gants et donc ne pouvant avoir été oxydé avec le temps. Un diffractogramme des rayons X du $SnCl_2$ révèle une structure orthorhombique standard de ce composé et ne montre aucun pic non-indexé.

Ces résultats nous montrent que le précurseur contient de l'étain +IV de l'ordre de 3 % mais n'explique en aucun cas la présence d'environ 40 % dans les échantillons après synthèse.

3.4.3 Mécanisme d'oxydation des NCs de SnS jusqu'à l'oxydation totale

Afin de mieux comprendre le mécanisme d'oxydation, nous avons oxydé volontairement les NCs jusqu'à leur oxydation complète et leur transformation en oxyde d'étain pur. Pour ce faire, les NCs ont été mis dans un four exposé à l'air et la température a été maintenue à 500 °C pendant 10h. Ces nanocristaux, synthétisés par le protocole A, ont été purifiés en boîte à gants avec des solvants anhydres et encapsulés avant d'être mesurés afin d'éviter tout contact avec l'air, constituant l'échantillon de référence. Une courte exposition à l'air à température ambiante a été réalisée en ouvrant l'encapsulant à l'air pendant 5 minutes.

Comme le montrent les clichés de DRX (Figure 3.9), les NCs, après exposition à l'air à haute température, passent d'une phase orthorhombique à une cassitérite tétragonale, représentative de SnO_2. La transformation totale en oxyde cristallin a donc bien lieu sous chauffage et exposition à l'air. Le spectre des NCs de SnS avant oxydation ne révèle pas de pic non-indexé qui pourrait correspondre à SnO_2. Bien que la majorité des pics soit confondus entre la phase SnS et SnO_2, le pic caractéristique de SnO_2 à 40° est complètement absent du spectre. De plus, la largeur des pics avant et après oxydation reste environ égale, preuve que les NCs ne croissent pas mais conservent leur taille.

La figure 3.9b résume les spectres Mössbauer aux différentes étapes d'oxydation des NCs. L'échantillon de référence (en orange sur le graphe de la Figure 3.9), celui non exposé à l'air, présente une proportion importante de 20 % de $Sn^{(IV)}$ malgré des étapes de purification effectuées en atmosphère inerte. Pour des NCs de 7 nm environ (taille extraite du STEM), la proportion d'atomes à la surface représente environ 20 %, atomes de surface dont nous pensons l'état d'oxydation dépendant de leur liaison avec les ligands, tel que l'acide oléique porteur d'atomes d'oxygène. L'existence d'un tel phénomène de couche amorphe d'oxyde induite par les ligands a déjà été identifiée pour d'autres familles de matériaux : dans le cas des oxydes de fer et de fer-platine, on parle de couche magnétiquement « morte ». [14,15] Après une courte exposition à l'air à température ambiante, on observe une augmentation du singulet simultanément avec une baisse du doublet correspondant à SnS. La transformation de $Sn^{(II)}$ en $Sn^{(IV)}$ est donc confirmée. Cette transformation nous mène à une proportion $Sn^{(II)}$:$Sn^{(IV)}$ de 60:40 concordante avec les données exploitées dans la partie 3.4.2 et montre donc que l'oxydation a bien lieu après la synthèse et non avant ou pendant. Après le passage à haute température (500 °C), le doublet attribué au SnS a complètement disparu au profit du singulet attribué à SnO_2. Le décalage isomérique de ce singulet évolue au cours de l'oxydation et passe d'une valeur de 0,65 à 0,13 mm.s^{-1} ce qui serait concordant avec le passage d'une phase amorphe desordonnée d'oxyde à une phase complètement cristalline dont l'IS correspond à ceux reportés dans la littérature. D'autre part, la présence dans l'échantillon de référence des phases Sn_2S_3 et SnS_2 est cohérente avec la largeur du singulet qui suggère une contribution aux alentours de 1,2 mm.s^{-1}, IS caractéristique de ces phases.

En complément de ces informations, un suivi du recuit par EDS a été effectué pour mieux comprendre la nature du mécanisme. Comme nous montre la figure 3.9c, la composition élémentaire des NCs avant la moindre exposition à l'air contient environ un tiers de chaque élément (Sn = 31,5 %, S = 33,5 %, O = 35 %). Cet étonnant rapport riche en oxygène peut être expliqué de deux manières :
- l'EDS est une technique plus adaptée aux éléments lourds qu'aux éléments légers. En effet, l'EDS est une technique de spectroscopie qui mesure la radiation émise par les atomes lors de leur désexcitation et mesure donc les quanta d'énergies reçus. La quantification est réalisée en intégrant les pics du spectre obtenu. Les éléments légers vont émettre des quanta d'énergies plus petits et donc avoir des pics d'aires plus faibles que les éléments lourds. Comme la quantification tient compte de la masse atomique, l'incertitude de la mesure pour les éléments légers sera proportionnellement plus élevée que celle pour les éléments lourds.
- les ligands oléates présents à la surface des NCs contiennent des atomes d'oxygène par leur fonction carboxylique. L'analyse thermogravimétrique confirme une masse importante de ligands (d'environ 30

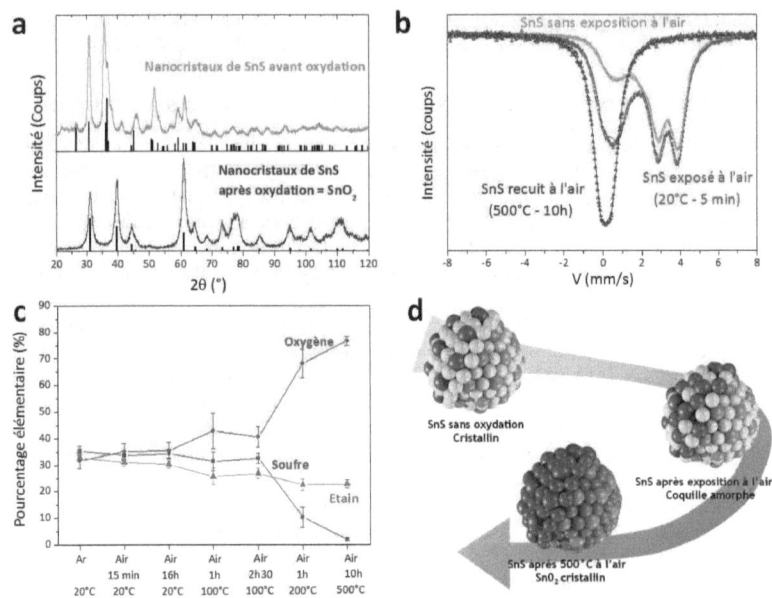

Fig. 3.9 – Investigation du mécanisme d'oxydation par **a)** Diffraction des rayons X de poudres (source au cobalt $\lambda = 1,789$ Å) avec le pattern correspondant (SnS orthorhombique, *JCPDS #39-354* ; SnO$_2$ tetragonal cassiterite, *JCPDS #4-9-8478*), **b)** Spectres Mössbauer mesurés à 10 K (spectre orange : sans exposition à l'air, spectre vert : NCs exposés à l'air à température ambiante pendant 5 min, spectre bleu : échantillon complètement oxydé à 500 °C pendant 10h), **c)** suivi du recuit par EDS, **d)** Schéma représentant le mécanisme d'oxydation.

%) mais n'explique cependant pas la totalité de l'oxygène présent. De plus, même si les échantillons sont purifiés, il est possible qu'une petite quantité de ligands libres soit présente dans la solution, augmentant ainsi la masse totale d'oxygène.

Une exposition modérée à 100 °C montre un remplacement du soufre par l'oxygène tandis qu'une exposition plus forte à 200 °C confirme la substitution complète des atomes de soufre par ceux d'oxygène comme le montrent l'augmentation franche du taux d'oxygène et la baisse conséquente du taux de soufre. L'échantillon contient une composition élémentaire proche de SnO$_2$ à ce moment.

Après oxydation totale (500 °C, 10h), les nanoparticules d'oxyde d'étain présente un intérêt applicatif (capteurs de gaz, électrode transparente conductrice, catalyse,...). Les NCs de SnO$_2$ ayant été oxydés sous forme de poudre et à température élevée, la stabilisation de ceux-ci par des ligands n'est plus intacte car ces derniers ont été calcinés. Comme nous le montre le cliché MEB de la figure 3.10a), même si les particules sont agrégées, le diamètre est perceptible et semble de l'ordre de grandeur des NCs avant oxydation (environ 10 nm), ce qui avait été confirmé par DRX. Le rapport final observé de Sn:O est d'environ 20:80 (contre 33:67 attendu) ce qui indique une surface riche en oxygène.

Nous avons donc pu mettre en évidence le mécanisme d'oxydation des NCs de SnS en NCs de SnO$_2$. Une substitution progressive des atomes de soufre par ceux d'oxygène induit dans un premier temps une amorphisation de la structure qui évolue en une phase plus ordonnée et cristalline d'oxyde. Il est important de noter l'extrême sensibilité de ces nanocristaux à l'air, compte tenu d'un rapport surface/volume important. Il serait donc intéressant d'empêcher cette oxydation car elle annihile toute

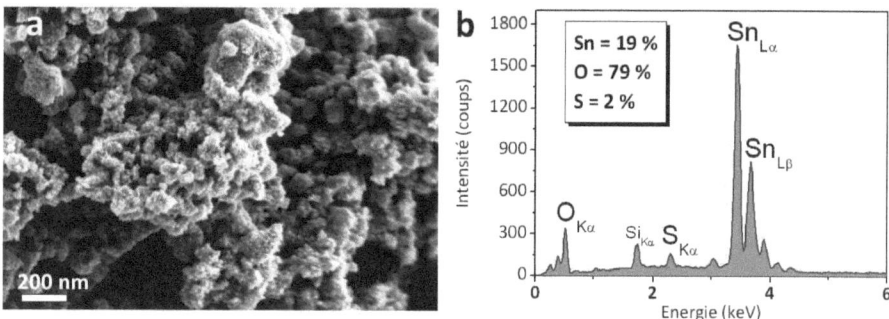

Fig. 3.10 – **a)** Cliché MEB d'une poudre de SnO$_2$ après recuit à 500 °C pendant 10h, **b)** Analyse EDS de la poudre après recuit.

possible utilisation de ces matériaux en tant qu'absorbeur de photons pour le photovoltaïque.

3.4.4   Passivation de surface des NCs

L'utilité de protéger ces NCs de l'oxydation apparaît comme inéluctable. Le moyen le plus simple et courant est la passivation de surface. Une passivation à base de phosphonate de cadmium a été reportée par Sargent et coll. pour des NCs de PbS. Cette méthode consiste à mélanger la solution colloidale de NCs avec le complexe de phosphonate de cadmium sous un chauffage modéré (60 °C) pendant 5 minutes.

Ce traitement avec le complexe de cadmium modifie l'absorption de nos NCs de SnS et l'augmente dans la région spectrale UV/bleue (fig 3.11a), résultat attendu pour une fine couche de CdS (gap de 2,42 eV). L'apparition d'un large pic d'émission aux alentours de 600 nm dans les mesures de photoluminescence (fig 3.11b) confirme une passivation des états pièges à la surface agissant comme canal de recombinaison non-radiative dans le cas d'échantillon non traités. Enfin, les mesures EDS (fig 3.11c) prouvent la présence du Cd dans l'échantillon avec un pourcentage atomique de 12,5 % après purification des échantillons. On remarque également que la composition de l'échantillon en métal d'environ 52 % indique la substitution de l'étain par le cadmium et son ajout. Une analyse par DRX ne montre pas de différences entre les échantillons passivés et non passivés, preuve qu'il n'y a pas formation d'une phase ternaire de Sn$_{1-x}$Cd$_x$S. La passivation de surface par le cadmium a donc bien eu lieu.

La spectroscopie Mössbauer va nous permettre de trancher sur l'action de la passivation de surface envers l'oxydation à l'air. Tout d'abord, on observe une légère diminution de l'aire du pic correspondant aux NCs passivés comparés à l'échantillon de référence des NCs de SnS non passivés (fig 3.11d). Un regard attentif aux paramètres hyperfins correspondants aux deux échantillons laisse apparaître une fraction de 82,5 % de Sn$^{(II)}$ pour l'échantillon passivé contre 78,1 % sans passivation. Par contre, la mise à l'air de l'échantillon passivé révèle une augmentation du pic de Sn$^{(IV)}$ (révélateur de l'oxydation de l'échantillon) identique à celle des échantillons non passivés. Il apparaît donc que la passivation à l'aide du complexe de cadmium est inefficace contre l'oxydation des NCs.

A la différence du plomb, l'étain à l'état +II est un réducteur fort comme le montre la comparaison des potentiels standards électrochimiques :

$$Sn^{2+} \quad \rightarrow \quad Sn^{4+} + 2e^- \qquad E^0 = 0,154 \text{ V} \qquad (3.1)$$

$$Pb^{2+} \quad \rightarrow \quad Pb^{4+} + 2e^- \qquad E^0 = 1,8 \text{ V} \qquad (3.2)$$

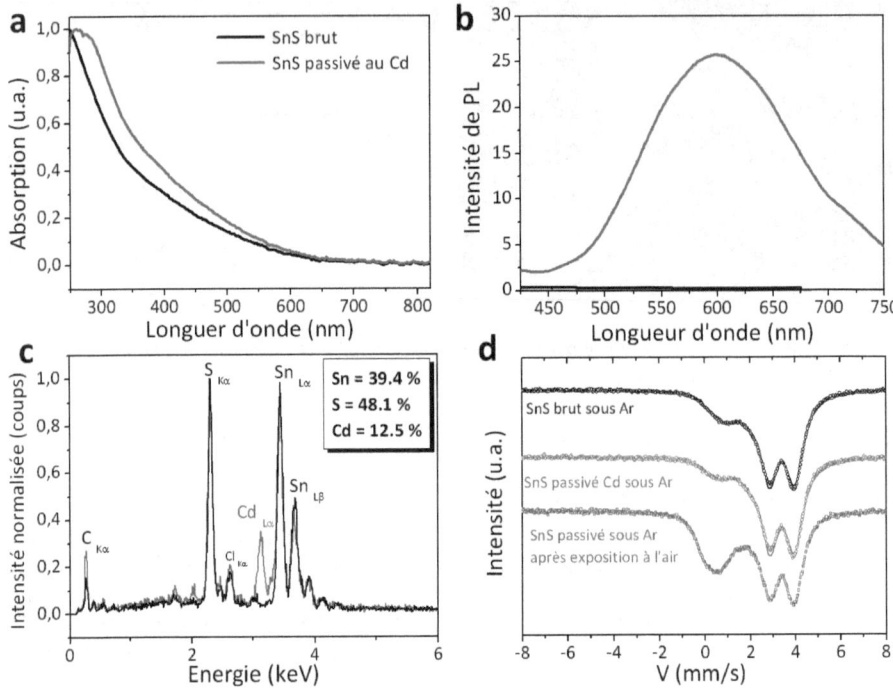

Fig. 3.11 – Passivation de surface avec le phosphonate de cadmium : **a)** Spectre d'absorption UV-visible, **b)** Spectre de photoluminescence, **c)** Mesures EDS, **d)** Spectre Mössbauer des NCs juste après synthèse (en noir), avec passivation au Cd (rouge) puis après exposition 5 minutes à l'air (vert).

La stabilité de l'état +II et donc de la configuration électronique $[Xe]4f^{14}5d^{10}6s^2$ dans le cas du plomb trouve son origine dans une contraction apparente des orbitales s (et p) due aux effets relativistes. [16] Pour le Pb en particulier, les électrons 6s sont rapprochés du noyau, leur énergie est abaissée et ils sont stabilisés. Cette stabilisation de l'orbitale 6s conduit à l'effet du « doublet inerte » observé pour les éléments de Hg à Bi. L'effet relativiste croît approximativement comme Z^2, ce qui explique pourquoi ce comportement n'est pas observé dans le cas de l'étain (Z_{Sn}=50 ; Z_{Pb}=82).

3.4.5 Extension de l'analyse aux autres chalcogénures d'étain SnSe et SnTe

Pour des études comparatives, nous avons aussi analysé les NCs de SnSe et de SnTe. Les synthèses ont été réalisées en suivant les procédures existantes dans la littérature. [17,18] Les spectres d'absorption UV-vis-NIR des NCs obtenus (fig. 3.12a) ne semblent pas montrer de confinement quantique pour SnS et SnSe, qui ont ici un gap optique de 1,5 eV et 1,4 eV (respectivement 800 et 900 nm) à comparer avec un gap de 1,3 eV pour le matériau massif. A l'inverse, SnTe montre un fort confinement car on observe un gap de 1,1 eV (1100 nm) pour un gap du matériau massif de 0,18 eV.

Nous avons ensuite mesuré les spectres Mössbauer de ces NCs afin d'étudier leur sensibilité à l'air. Pour les matériaux à base de plomb ou de cadmium, une tendance à être plus facilement oxydés a été observée lorsqu'on les associe à des éléments plus lourds suivant la colonne VI du tableau périodique

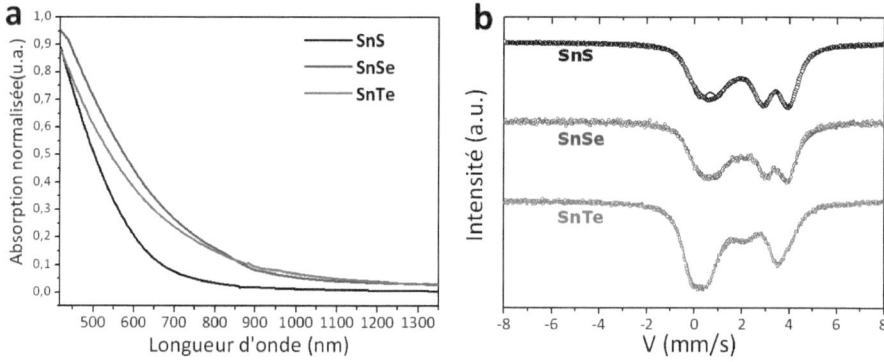

Fig. 3.12 – **a)** Spectres d'absorption UV-visible, **b)** Spectres Mössbauer des NCs de SnS, SnSe et SnTe après 10 heures d'exposition à l'air à température ambiante.

	Sn–S	Sn–Se	Sn–Te
Rapport $Sn^{(IV)}$:$Sn^{(II)}$	42:58	43:57	55:45
Longueur de la liaison [12]	2,65 Å	2,80 Å	3,15 Å
Energie de liaison [19]	464 kJ.mol^{-1}	401 kJ.mol^{-1}	360 kJ.mol^{-1}
Isomer shift de $Sn^{(II)}$ (littérature) [12]	3,4 mm.s^{-1}	3,4 mm.s^{-1}	3,5 mm.s^{-1}
Isomer shift de $Sn^{(II)}$ (mesurés)	3,34 mm.s^{-1}	3,44 mm.s^{-1}	3,72 mm.s^{-1}

Tab. 3.4 – Distance et énergies des liaisons ainsi que les paramètres Mössbauer mesurés des matériaux SnS, SnSe et SnTe.

des éléments. Nous nous attendons donc ici à observer une tendance similaire.

L'évolution du rapport de $Sn^{(II)}$/$Sn^{(IV)}$ et des interactions hyperfines des NCs de SnS, SnSe et SnTe nous est donnée par les spectres Mössbauer de la figure 3.12b. La toute première observation est que la proportion de $Sn^{(IV)}$ augmente pour le SnTe. La tendance attendue se confirme donc, mettant en évidence une plus forte sensibilité à l'oxydation chez les matériaux composés d'éléments plus lourds.

Les paramètres hyperfins des spectres mesurés pour ces matériaux sont résumés et comparés avec les énergies de liaisons dans le tableau 3.4. La distance des liaisons augmente lorsque l'on passe de SnS à SnTe. Cette augmentation est inversement proportionnelle à l'énergie de ces liaisons. Cela explique sans doute le fait que le SnTe qui a la liaison la plus faible énergétiquement a une sensibilité plus élevée à l'oxydation. Les valeurs des matériaux massifs ont été reportées par LIPPENS [12] et on observe une augmentation de l'IS pour une augmentation de la force de la liaison. Dans notre cas, la tendance s'accompagne d'un décalage de 0,4 mm.s^{-1} de l'IS en allant de SnS à SnTe. Nous pouvons donc relier directement ce comportement à la tendance à s'oxyder des éléments. Pour résumer, les chalcogénures d'étain nanocristallins sont sensibles à l'air et révèlent une forte oxydation de surface même à température ambiante. Le degré d'oxydation peut être suivi précisément par la spectroscopie Mössbauer de l'étain. La sensibilité à l'air augmente pour les matériaux homologues composés de tellure, tandis que le SnS et le SnSe semblent moins fragiles.

3.4.6   Conclusion de l'étude

La spectroscopie Mössbauer a été utilisée afin de mettre en évidence l'oxydation des nanocristaux des chalcogénures d'étain et tout particulièrement le SnS. Une étude précise du mécanisme de cette oxydation a pu être réalisée indiquant une substitution du soufre par l'oxygène. Nous avons également montré l'indépendance des précurseurs, de la combinaison des ligands ainsi que de la température sur l'oxydation finale. Les NCs de SnS sont constitués d'un rapport de $Sn^{(IV)}$:$Sn^{(II)}$ d'environ 20:80 avant et de 40:60 après exposition à l'air, révélant une forte sensibilité à l'oxydation. Un recuit à température élevé peut transformer ces NCs en SnO_2. L'oxydation de surface présente protège aussi ces NCs du frittage pendant le recuit. Le traitement de surface à l'aide du phosphonate de cadmium a permis de passiver mieux la surface comme le montre l'obtention d'un spectre de photoluminescence. Par contre, elle n'a pas réduit la sensibilité de nos NCs de SnS à l'oxydation.

Cette étude a aussi montré la tendance à la hausse de la sensibilité à l'air du matériau SnTe, ce qui concorde avec l'observation de la réduction de son énergie de liaison. Finalement, des progrès dans l'ingénierie de passivation de surface seront alors nécessaires pour une meilleure intégration des NCs à base de chalcogénure d'étain dans des dispositifs d'optoelectronique. Ce chapitre a fait l'objet d'une publication dans *Journal of the American Chemical Society*. [20]

Bibliographie

[1] R. L. MÖSSBAUER, « Kernresonanzfluoreszenz von Gammastrahlung in Ir^{191} », *Zeitschrift für Physik*, vol. 151, p. 124–143, avril 1958. (cité en page 59)

[2] R. L. MÖSSBAUER, « Kernresonanzabsorption von Gammastrahlung in Ir^{191} », *Die Naturwissenschaften*, vol. 45, no. 22, p. 538–539, 1958. (cité en page 59)

[3] R. L. MÖSSBAUER, « Recoilless Nuclear Resonance Absorption of Gamma Radiation », *Science*, vol. 137, no. 3532, p. 731–738, 1962. (cité en page 59)

[4] P. GÜTLICH, E. BILL et A. X. TRAUTWEIN, *Mössbauer Spectroscopy and Transition Metal Chemistry*. Springer, 2011. (cité en page 59)

[5] S. G. HICKEY, C. WAURISCH, B. RELLINGHAUS et A. EYCHMÜLLER, « Size and shape control of colloidally synthesized IV-VI nanoparticulate tin(II) sulfide. », *Journal of the American Chemical Society*, vol. 130, p. 14978–80, nov. 2008. (cité en page 61)

[6] H. LIU, Y. LIU, Z. WANG et P. HE, « Facile synthesis of monodisperse, size-tunable SnS nanoparticles potentially for solar cell energy conversion. », *Nanotechnology*, vol. 21, p. 105707, mars 2010. (cité en page 61)

[7] M. NASSARY, « Temperature dependence of the electrical conductivity, Hall effect and thermoelectric power of SnS single crystals », *Journal of Alloys and Compounds*, vol. 398, p. 21–25, août 2005. (cité en page 61)

[8] C. NAYRAL, T. OULD-ELY, A. MAISONNAT, B. CHAUDRET, P. FAU, L. LESCOUZÈRES et A. PEYRE-LAVIGNE, « A Novel Mechanism for the Synthesis of Tin / Tin Oxide Nanoparticles of Low Size Dispersion and of Nanostructured SnO_2 for the Sensitive Layers of Gas Sensors », *Advanced Materials*, vol. 11, p. 61–63, jan. 1999. (cité en page 64)

[9] C. NAYRAL, E. VIALA, P. FAU, F. SENOCQ, J. C. JUMAS, A. MAISONNAT et B. CHAUDRET, « Synthesis of tin and tin oxide nanoparticles of low size dispersity for application in gas sensing. », *Chemistry : A European Journal*, vol. 6, p. 4082–90, nov. 2000. (cité en page 64)

[10] C. NAYRAL, E. VIALA, V. COLLIÈRE, P. FAU, F. SENOCQ, A. MAISONNAT et B. CHAUDRET, « Synthesis and use of a novel SnO_2 nanomaterial for gas sensing », *Applied Surface Science*, vol. 164, p. 219–226, sept. 2000. (cité en page 64)

[11] Y. S. AVADHUT, J. WEBER, E. HAMMARBERG, C. FELDMANN, I. SCHELLENBERG, R. POTTGEN et J. SCHMEDT AUF DER GUNNE, « Study on the Defect Structure of SnO_2 :F Nanoparticles by High-Resolution Solid-State NMR », *Chemistry of Materials*, vol. 23, p. 1526–1538, fév. 2011. (cité en page 64)

[12] P. LIPPENS, « Interpretation of the ^{119}Sn Mössbauer isomer shifts in complex tin chalcogenides », *Physical Review B*, vol. 60, no. 7, p. 4576–4586, 1999. (cité en pages 64 et 71)

[13] M. PROTIÈRE et P. REISS, « Amine-induced growth of an In_2O_3 shell on colloidal InP nanocrystals », *Chemical Communications*, no. 23, p. 2417, 2007. (cité en pages 20 et 65)

[14] B. STAHL, N. GAJBHIYE, G. WILDE, D. KRAMER, J. ELLRICH, M. GHAFARI, H. HAHN, H. GLEITER, J. WEISS MÜLLER, R. WÜRSCHUM et P. SCHLOSSMACHER, « Electronic and Magnetic Properties of Monodispersed FePt Nanoparticles », *Advanced Materials*, vol. 14, p. 24–27, jan. 2002. (cité en page 67)

[15] M. DELALANDE, P. R. MARCOUX, P. REISS et Y. SAMSON, « Core/shell structure of chemically synthesised FePt nanoparticles : a comparative study », *Journal of Materials Chemistry*, vol. 17, no. 16, p. 1579, 2007. (cité en page 67)

[16] J. E. HUHEEY, E. A. KEITER et R. L. KEITER, *Chimie Inorganique*. DeBoeck & Larcier, 1996. (cité en page 70)

[17] M. KOVALENKO et W. HEISS, « SnTe nanocrystals : a new example of narrow-gap semiconductor quantum dots », *Journal of the American Chemical Society*, vol. 129, p. 11354–5, sept. 2007. (cité en pages 70 et 127)

[18] W. J. BAUMGARDNER, J. J. CHOI, Y.-F. LIM et T. HANRATH, « SnSe nanocrystals : synthesis, structure, optical properties, and surface chemistry. », *Journal of the American Chemical Society*, vol. 132, p. 9519–21, juil. 2010. (cité en pages 70 et 126)

[19] D. R. LYDE, *CRC Handbook of Chemistry and Physics, 89th Edition.* (cité en page 71)

[20] A. de KERGOMMEAUX, J. FAURE-VINCENT, A. PRON, R. de BETTIGNIES, B. MALAMAN et P. REISS, « Surface oxidation of tin chalcogenide nanocrystals revealed by 119Sn-Mössbauer spectroscopy. », *Journal of the American Chemical Society*, vol. 134, p. 11659–11666, juin 2012. (cité en page 72)

Chapitre 4

Échange de ligands et dépôt de nanocristaux

Sommaire

4.1 Échange de ligands

4.1.1 Introduction

L'importance de ligands à la surface des nanocristaux pendant la synthèse a été expliquée dans le chapitre 1.2 et leur rôle dans la nucléation, la croissance ainsi que la stabilité chimique et colloïdale bien compris. Ces ligands ont également un rôle primordial dans l'assemblage de NCx en matériau solide puisqu'ils contribuent à l'interaction entre les NCx et imposent l'espace interparticulaire qui influence notamment la conduction électrique ainsi qu'à une autre échelle à des effets morphologiques considérables (craquelures des films par exemple). A cause d'un fort rapport de surface sur volume inhérent aux nano-objets, la surface a une énorme influence sur les propriétés physiques des NCx que ce soit en photophysique, [1, 2] pour le transport de charge, [3, 4] la catalyse, [5] ou pour le magnetisme. [6] Il en est de même pour les applications en photodétecteurs, [7] des cellules solaires, [8] des transistors, [9] ou des diodes électro-luminescentes. [10]

Dans la littérature, la plupart des ligands sont constitués de molécules organiques contenant une longue chaîne alkyle et un groupe d'ancrage terminal. Ce type de molécules apporte une grande flexibilité chimique, mais présente un inconvénient : la plupart de ces ligands organiques agissent comme une barrière électriquement isolante entre les NCx, gênant ainsi le transport de charges. Les exemples les plus marquants ont été rapportés pour des NCx d'argent et d'or recouverts de molécules d'alkylethiol dont la mobilité varie selon la longueur du ligand de surface. [11–13]

Cependant, s'affranchir de ces ligands reste un challenge, les enlever totalement générerait une agrégation des particules alors que les échanger totalement est difficile et entraîne souvent des liaisons pendantes ainsi que des pièges de charges. [14] De plus, un recuit à température moyenne pour brûler ces ligands mène quasiment toujours à un frittage des particules, on perd alors le confinement quantique introduit par le contrôle de la taille à l'échelle nanométrique. [15] La calcination des ligands laisse d'ailleurs des résidus carbonés, dégradant les propriétés électroniques de l'échantillon. [16] A la vue de ce constat, l'échange de ces longs ligands de synthèse par des molécules plus petites paraît primordial ; cette approche permet notamment d'augmenter le transport de charge, ce que nous verrons dans la partie 4.1.2. Une autre possibilité est le traitement par des petites molécules liantes comme des solutions diluées d'hydrazine ou de phénylènediamine, qui permettent de préparer des solutions de NCx électriquement plus conductrices. Cependant, de telles molécules ne sont pas souvent résistantes à l'oxydation et conduisent à des propriétés électroniques fluctuantes. Finalement, une nouvelle voie très prometteuse associe à ces NCx des ligands inorganiques, permettant l'utilisation de solution de NCx tout inorganique, nous détaillerons dans la partie 4.1.4 ces structures.

4.1.2 Échange de ligands en solution de longues chaines alkyles par des chaines courtes

La majorité des ligands utilisés lors de la synthèse est généralement composée d'une longue chaine alkyle au bout de laquelle un groupement fonctionnel (amine, thiol, acide carboxylique, etc.) présente une forte affinité avec les NCx. Tel un tensio-actif, la chaîne alkyle permet une grande stabilité de ces colloïdes dans des solvants non polaires. Beaucoup d'études sur la nature de ces liaisons ainsi que sur la solubilité ont été menées, mais nous n'entrerons pas en détail dans ce chapitre. [17–19] Les ligands les plus couramment utilisés sont l'acide oléique, l'oléylamine, l'oxyde de trioctylphosphine, le dodecanethiol, l'hexadécylamine et les acides phosphoniques en général. Ces molécules, ajoutées comme surfactants, permettent donc, selon la nature des précurseurs utilisés, d'ajuster les paramètres de solubilité, conduction et prévention envers l'oxydation. Cependant, selon l'interaction entre les NCx et les ligands, la reproductibilité et le transfert à d'autres matériaux ne sont pas toujours évidents. Ceci étant dit, l'échange de ces longs ligands isolants électriquement par des molécules plus conductrices, reste essentiel pour l'utilisation des NCx en optoélectronique.

La procédure courante d'échange de ligands passe par le mélange de NCx avec un excès du nouveau ligand, donnant lieu à une compétition entre les ligands à l'issue de laquelle une partie ou la totalité des ligands a été échangé. Cette procédure peut être répétée plusieurs fois, en alternant avec des étapes de purification, ou assistance par chauffage modéré (jusqu'à 100-120 °C). Un grand nombre de ligands peuvent donc être échangés, mais souvent l'échange n'est pas quantitatif. [7, 20, 21] Il apparaît clair ici que selon la nature de la fonction d'ancrage du ligand, deux types d'échanges vont avoir lieu : l'échange par des ligands de même nature (un thiol par un thiol) que nous qualifierons de homofonctionnel ou l'échange par des ligands de famille différentes que nous appellerons ici hétérofonctionnel.

4.1.2.1 Échange homofonctionnel

Pour ce genre d'échange, deux paramètres majeurs entrent en jeu : l'effet de la concentration des deux ligands ainsi que leur taille. En effet, selon le principe de le Châtelier, la concentration du nouveau ligand est généralement plus élevée afin de favoriser son attachement. De la même manière, des ligands d'origine ayant des tailles relativement plus petites permettront à des ligands plus longs d'avoir un meilleur accès à la surface des NCx et faciliteront ainsi la procédure d'échange. [22] Un des exemples très connu est reporté pour l'échange de thiols hydrophiles par des alkylthiols permettant ainsi l'alternance de l'hydrophobicité de surface des NCx. [23, 24]

4.1.2.2 Échange hétérofonctionnel

Le mécanisme de l'échange est basé sur les mêmes critères que l'échange homofonctionnel mais aussi principalement sur l'énergie de liaison entre les NCx et la fonction chimique du ligand. En d'autres termes, plus l'interaction entre le cation métallique du NC et la fonction d'ancrage du ligand d'origine sera forte, moins l'échange de ligands sera favorable. Cependant, il est possible de remplacer les ligands d'origine par un bon nombre de ligands de familles différentes, privilégiant ainsi d'autres propriétés du ligand que ces fonctions d'ancrage et de solubilité. On pense donc directement au raccourcissement des chaînes alkyles pour une meilleure conduction électrique ou alors l'introduction de chaînes carbonées conjuguées, réputées pour leurs propriétés de conduction. L'échange le plus connu démontré par BAWENDI et GREENHAM, [25, 26] utilise la pyridine, ligand faiblement coordinant, réalisé par simple reflux des NCx dans de la pyridine. Cela engendre un changement de solubilité car les NCx entourés de pyridine après échange sont alors plus solubles dans des solvants plus polaires que les solvants non-polaires usuellement utilisés. Bien d'autres exemples existent, notamment avec le butylamine, l'hexylamine, l'hydrazine, etc.

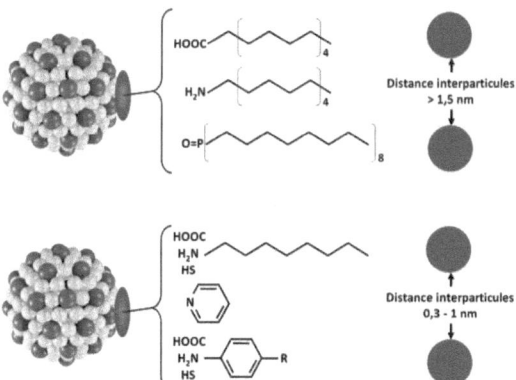

Fig. 4.1 – Schéma de représentation des possibilités de ligands **a)** soit longs, **b)** soit courts.

L'impact de ces échanges de ligands peut directement être relié aux propriétés de conduction des assemblages de NCx. Lors de remplacement par des ligands plus courts, la distance inter-particule est réduite conduisant à un transport électronique amélioré laissant ainsi place à de possibles applications. Par exemple, en remplaçant l'hexanedithiol par l'éthanedithiol dans des assemblages de NCx de PbSe, la mobilité est augmentée de deux ordres de grandeurs! [13]

4.1.3 Échange par des ligands bifonctionnels

Une autre approche consiste à utiliser des ligands bifonctionnels, c'est-à-dire ayant une chaîne alkyle avec à chaque bout une fonction d'ancrage. Ces ligands présentent définitivement un avantage pour réduire les distances inter-particules et renforcent le couplage électronique entre les NCx. Des travaux sur des NCx de CdSe et d'or montrent des augmentations de conductivité d'un ordre de grandeur jusqu'à 1000 fois plus grand après échange. [3, 27, 28] Les procédures générales consistent à l'ajout de ce ligand bifonctionnel dans la solution de NCx qui conduit à une précipitation quasi-instantanée des NCx liés. Cet échange peut donc aussi permettre d'augmenter l'adhérence à un substrat ou à une électrode, permettant ainsi d'étendre les possibilités. Depuis le travail d'ALIVISATOS sur des couches denses de CdSe préparés avec échange par du 1,6-hexanedithiol, [29] on voit de manière courante l'utilisation de ce ligands pour la préparation d'échantillon pour des mesures de champ proche en STM ou alors par STS. [30, 31]

La majorité des procédures pour cet échange consiste à le faire directement sur un film de NCx par une technique de couche par couche. Successivement, le film est trempé dans une solution de NCx puis dans une solution de liant (ligand bifonctionnel) et le cycle est répété autant de fois qu'on le désire pour atteindre une épaisseur voulue. Cette approche a été introduite la première fois par BRUST en utilisant des NCx d'or et des chaines alkyles avec des dithiol terminaux pour des tailles allant de 6 à 12 carbones. [32]

Ces ligands sont généralement basés sur des petites tailles de molécules comme le 1,2-éthanedithiol, ou le 1,4-phenylènediamine comme le montre le schéma ci-dessous.

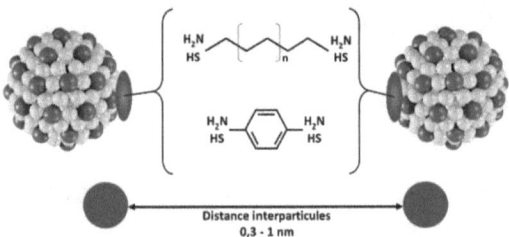

Fig. 4.2 – Schéma de représentation des possibilités de ligands bifonctionnels.

4.1.4 Échange par transfert de phase avec les MCCs

La conductivité des assemblages de NCx étant la clé pour toute application électronique, des conductivités de l'ordre de 10^{-10} S.cm^{-1} ne suffisent pas pour envisager leur usage. Les complexes à base de chalcogénure de métaux (MCC), avec des conductivités très élevées de l'ordre du S.cm^{-1} semblent aujourd'hui apporter un nouveau souffle pour de possibles applications. Ces ligands « tout inorganiques » constituent une nouvelle marche technologique de franchie. Cependant, leur préparation nécessite de dissoudre des précurseurs métalliques dans de l'hydrazine anhydre, solvant (utilisé pour des combustibles de fusée) présentant des risques dûs à son caractère exothermique et à sa toxicité. De plus, pour ces raisons de sécurité, il n'est plus possible de trouver de l'hydrazine pure chez les revendeurs de produits chimiques en Europe.

Afin d'obtenir des couches très conductrices de nanocristaux, nous avons donc préparé ces ligands

MCC. Nous avons donc développé au laboratoire une nouvelle technique permettant l'obtention d'hydrazine pure et anhydre.

4.1.4.1 Extraction de l'hydrazine

La méthode la plus connue pour obtenir de l'hydrazine pure et anhydre consiste à distiller de l'hydrazine pure dans un montage à reflux sous argon. Ceci suppose d'avoir déjà à disposition de l'hydrazine pure, ce qui n'est plus possible en Europe aujourd'hui. Nous avons donc utilisé une méthode publiée par NACHBAUR et LEISEDER basée sur l'extraction d'hydrazine anhydre à partir du cyanurate d'hydrazine [33] et nous l'avons adaptée aux installations courantes de laboratoire. Cette technique comporte donc deux étapes distinctes : la formation du cyanurate d'hydrazine et l'extraction de l'hydrazine anhydre.

4.1.4.2 Formation du cyanurate d'hydrazine

Le complexe de cyanurate est formé lorsqu'on mélange et chauffe l'acide cyanurique et de l'hydrazine monohydratée. Contrairement à ce que l'on pourrait penser, partir de l'hydrazine monohydratée directement et espérer former de l'hydrazine anhydre (HA) est très difficile, l'eau liée étant très dure à séparer de l'hydrazine monohydrate (HM) par distillation, ceci étant du à des températures d'ébullition très proches (114 °C pour l'hydrazine et 100 °C pour l'eau).

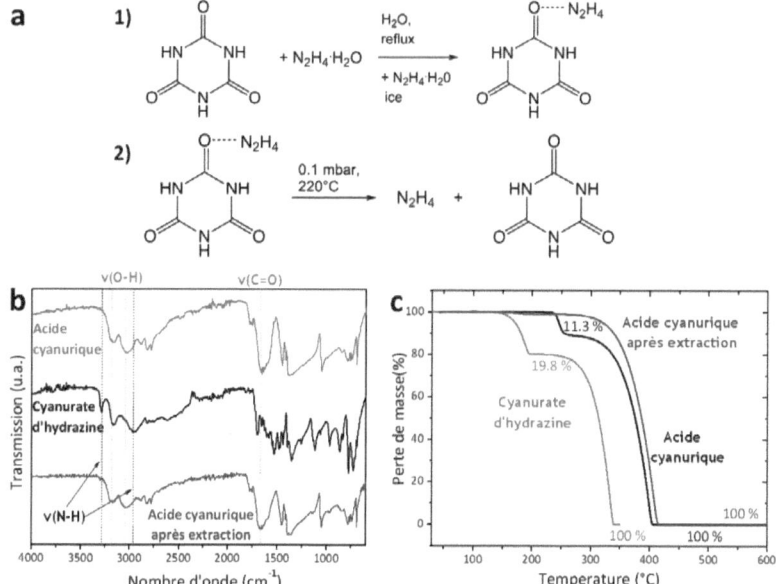

Fig. 4.3 – **a)** Mécanisme en deux étapes de la formation du complexe de cyanurate d'hydrazine (CH) ainsi que l'extraction, **b)** Spectres FTIR de l'acide cyanurique avant et après extraction et le spectre de CH, **c)** Analyses thermogravimétriques des mêmes composés.

On chauffe donc à reflux les deux composés, sachant que l'acide cyanurique est une poudre blanche et l'HM un liquide. La température doit être fixée à 120 °C car c'est la température d'ébullition de l'HM et après environ 1h, le complexe est formé, la poudre blanche s'est solubilisée en un complexe transparent. De plus, la pureté de l'HM est un point important : elle doit être la plus pure possible pour que le rendement de la réaction soit le plus élevé. On précipite ensuite le complexe en refroidissant le mélange dans la glace. Le précipité blanc est filtré sous Büchner, lavé avec de l'éthanol puis du diethylether et il est séché. La poudre blanche, complexe de cyanurate d'hydrazine (CH), est mise à l'étuve une dizaine d'heures puis pompée sous vide primaire. Cette étape de séchage est déterminante pour la suite car toute trace d'eau sera néfaste à l'extraction d'hydrazine. Le rendement de cette réaction est d'environ 90 %. Les détails de la réaction (masse des produits, volumes,...) sont décrits dans l'annexe A.

La figure 4.3b montre les spectres infrarouge à transformée de Fourier (FTIR) des différents produits pendant l'étape d'extraction. Pour l'acide cyanurique, les bandes à 1654 cm^{-1} et 2876 cm^{-1} sont attribuées respectivement à des vibrations d'étirements du groupe carbonyle $v(C=O)$ et du groupe imide $v(N-H)$ du cycle triazine. Comme espéré, le spectre du produit récupéré après l'extraction correspond à celui de l'acide cyanurique, preuve du départ de l'hydrazine. Le complexe de CH présente un pic additionnel d'une vibration de N–H avec des bandes à 2966 et 3294 cm^{-1} et un pic carbonyle moins intense.

La figure 4.3c montre les courbes d'analyse thermogravimétrique (TGA) de l'acide cyanurique et du complexe de CH. Ce dernier présente une perte de masse d'environ 20 % commençant à 140 °C qui serait cohérent avec un départ de l'hydrazine. La seconde perte de masse à partir de 240 °C correspond à l'évaporation de l'acide cyanurique restante. D'autre part, l'acide cyanurique montre d'abord une perte de masse de 11 % commençant à 240 °C et une dégradation/évaporation complète à 300-350 °C. Nous attribuons la première étape à un relâchement de l'eau liée qui correspondrait à une molécule d'eau par molécule d'acide cyanurique. Cette hypothèse est renforcée par le fait que la courbe TGA d'acide cyanurique après extraction ne montre pas cette perte de masse de 11 %. Dans ce cas, aucune molécule d'eau n'est présente du fait que le montage ait été pompé et chauffé.

4.1.4.3   Extraction de l'hydrazine anhydre

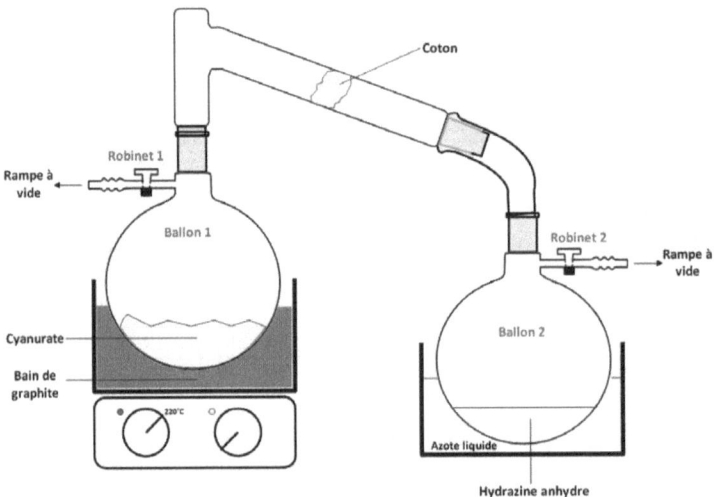

Fig. 4.4 – Schéma du montage utilisé pour l'extraction de l'hydrazine anhydre à partir du cyanurate d'hydrazine.

A l'aide du montage décrit dans la figure 4.4, le complexe de CH est inséré dans un ballon de type Schlenk et relié à un deuxième ballon. Le principe de l'extraction est basé sur un transfert par vide statique, c'est-à-dire que l'on va chauffer le ballon contenant le CH et refroidir à l'azote le ballon dans lequel on recueillera l'HA. Tout d'abord on pompe l'ensemble afin d'obtenir un vide inférieur à 0,1 mbar nécessaire à l'extraction. Une fois le vide atteint, on ferme les 2 robinets pour isoler le montage et se mettre dans des conditions de vide statique. On chauffe donc le ballon contenant le CH à 220 °C et on remplit le Dewar d'azote liquide. La différence de température crée ainsi un flux qui va du chaud vers le froid. Après 2h, on arrête de chauffer et lorsque le montage est froid, on retire le Dewar d'azote. De l'hydrazine anhydre gelée est présente sur les parois du ballon 2. On remet le montage sous argon et extrait l'hydrazine du ballon après l'avoir transféré en boîte à gants en évitant tout contact avec l'air par la technique de Schlenk.

4.1.4.4 Échange des ligands

La préparation des ligands inorganiques MCC est assez simple : il faut dissoudre les éléments constitutifs des ligands directement dans l'hydrazine. Nous avons utilisé dans nos travaux le ligand $Sn_2S_6^{4-}$, premièrement car ce ligand est simple à synthétiser et deuxièmement, ayant des NCx de SnS, on peut faire aussi une structure uniquement constituée des éléments Sn et S. Une très faible quantité de ligands suffit à faire l'échange.

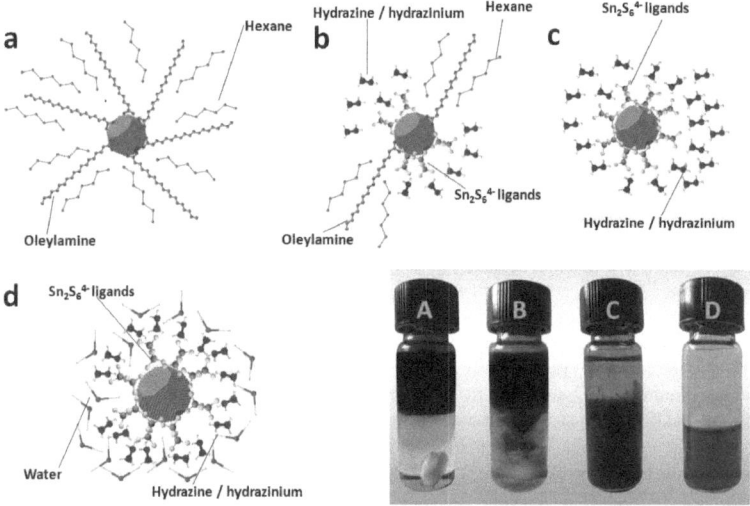

Fig. 4.5 – Schéma de la procédure d'échange de ligands et du transfert de phase. **a)** Solution de NCx dans l'hexane complexés avec de l'oléylamine, **b)** étape intermédiaire à l'interface des deux phases avec coexistence des deux ligands, **c)** NCx complexés par les MCC en solution dans de l'hydrazine anhydre et **d)** en solution dans un mélange eau/ethanolamine. L'image en bas à droite montre une photo de l'échantillon à chaque étape.

Afin de préparer une solution de NCx complexés avec les MCC, nous avons suivi la procédure publiée par KOVALENKO et coll. basée sur le transfert de NCx d'une phase organique non-polaire à une phase polaire. [34] La force motrice du transfert est la plus grande force de liaison des nouveaux ligands dans la phase polaire. L'échange se fait à l'interface entre les deux phases, les NCx étant progressivement transférés dans la phase polaire comme illustré dans la figure 4.5. Les contre-ions hydrazinium et l'hydrazine englobent le NCx comme première sphère de coordination. Après retrait de la phase non-polaire restante, au moins trois lavages sont nécessaires pour purifier correctement de l'excès de ligands libres générés par l'échange. Les NCx complexés avec les MCC peuvent ainsi être redispersés dans différents solvants polaires comme le diméthylsufoxide (DMSO), l'hydrazine, l'éthanolamine (EA), le formamide (FA) et l'eau. L'échange de solvant peut se faire de deux manières : par évaporation de l'hydrazine ou par précipitation des NCx avec de l'acétone. En l'absence de ligand $Sn_2S_6^{4-}$ dans l'hydrazine, les NCx changent quand même de phase mais précipitent rapidement. A l'inverse, la concentration de NCx complexés MCC peut atteindre plus de 300 mg.mL^{-1} sans aucune trace de précipitation grâce à la répulsion électrostatique.

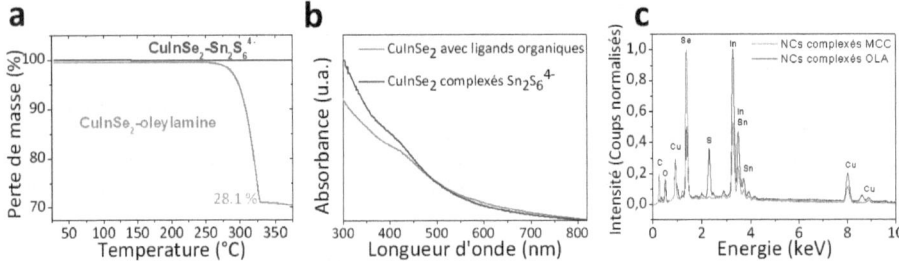

Fig. 4.6 – **a)** Analyse thermogravimétrique (ATG), **b)** Spectre d'absorption UV-vis, **c)** Analyse EDS de NCx de CuInSe$_2$ avec des ligands organiques (ligne orange) et avec des ligands inorganiques de Sn$_2$S$_6^{4-}$ (ligne bleue).

L'échange de ligands est vérifié par analyse FTIR qui permet d'identifier la présence des groupements organiques. La disparition des pics caractéristiques attribués aux longues chaines alkyles des ligands prouve que l'échange a été total. L'analyse thermogravimétrique de la Figure 4.6a montre une perte de masse de 28 % commençant à 250-300 °C dans le cas des ligands organiques, qui correspond à l'élimination de l'oléylamine. En revanche, pour les NCx complexés MCC, aucune perte de masse n'a été observée jusqu'à 400 °C, ce qui est cohérent avec un échange quantitatif. En effet, si des ligands organiques avaient été présents, une perte de masse aurait été observée.

D'autre part, en accord avec la littérature, nous n'observons pas d'influence des MCC sur l'absorption UV-vis (figure 4.6b), ce qui tend à montrer que le gap électronique reste inchangé après échange. Cependant, les ligands MCC augmentent l'absorbance dans la région bleue/UV.

Les mesures EDS effectuées avant et après échange de ligands montrent clairement la disparition du pic attribué au carbone, au profit du pic du soufre caractéristique de $Sn_2S_6^{4-}$. Ce résultat est renforcé par l'apparition du pic de l'étain, bien que celui-ci soit convolué au pic de l'indium.

4.1.4.5 Mesure de la densité de courant

Afin d'évaluer les propriétés de conduction de ces NCx entourés de ces ligands inorganiques, nous avons procédé à des mesures électriques sur des films déposés par évaporation de gouttes de solutions contenant des NCx avec différents ligands : oléylamine, EDT et MCC. L'EDT est un petit ligand réticulant, qui a été identifié pour rendre plus conducteur des assemblages de NCx. Cela a été montré pour des NCx de CdSe, PbSe, et PbS. [13,35] Nous avons donc réalisé des études comparatives pour évaluer le potentiel électrique des MCC.

Comme attendu, les NCx avec l'EDT montrent de meilleures propriétés de conduction que les NCx avec les longues chaînes alkyles. L'échange avec l'EDT augmente effectivement la densité de courant d'environ deux ordres de grandeur. Une tendance encore plus grande de la conductivité est observée dans le cas des NCx complexés MCC : le courant collecté augmente de 4 ordres de grandeur par rapport aux NCx complexés OLA (figure 4.7). La densité de courant atteint jusqu'à 700 mA.cm^{-2} sous une tension de 10 V. On observe donc une augmentation de la densité de courant de 100 fois par rapport à celle de l'EDT. Ce résultat montre à quel point l'échange de ligands organiques par des ligands inorganiques influe sur les propriétés de conduction des assemblages de NCx.

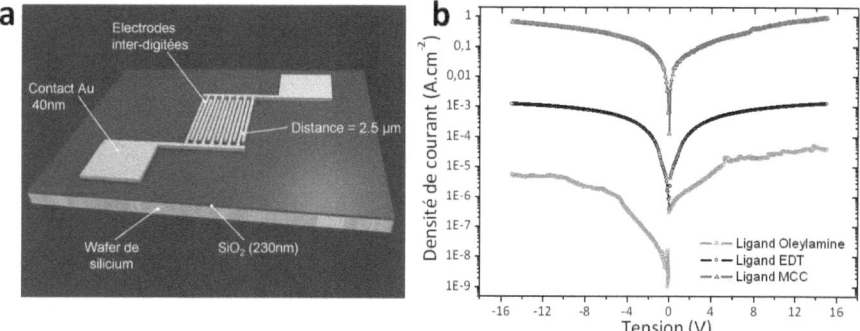

Fig. 4.7 – **a)** Schéma du substrat utilisé pour les mesures électriques, les électrodes inter-digitées permettent de collecter les charges même si le film n'est pas continu ; **b)** Courbes I/V (échelle semi-logarythmique) des NCx complexés avec différents ligands : oléylamine (courbe verte), 1,2-éthanedithiol (EDT, courbe noire), et avec les ligands inorganiques MCC (courbe rouge).

4.1.5   Conclusion

Une bonne compréhension de la chimie de surface des NCx est essentielle pour une utilisation d'assemblage de NCx dans des dispositifs électroniques. Les ligands, au-delà de leur influence sur la solubilité, jouent un rôle capital dans le transport de charge, pouvant augmenter la densité de courant jusqu'à 4 ordres de grandeur. Ce changement radical de conduction est provoqué par plusieurs facteurs : une meilleure interaction entre les NCx et les ligands, une diminution de la taille des ligands, ainsi que des meilleures propriétés de conduction du ligand lui-même. [36]

Nous avons donc procédé à certains échanges de ligands, ainsi qu'à la synthèse de nouveaux types de ligands à base de chalcogénure de métaux, les MCC. Pour ce faire, nous avons développé une procédure d'extraction de l'hydrazine anhydre, solvant nécessaire à la formation de ces nouveaux ligands. La mesure électrique de ces assemblages de NCx et de ligands inorganiques a montré l'augmentation importante de leurs propriétés de conduction.

4.2   Réalisation de films minces à base de nanocristaux

Le dépôt de film à partir de solution colloïdale de NCx est un élément très important car il est l'intermédiaire entre la synthèse et le dispositif. Les techniques de dépôt concernant ces colloïdes sont nombreuses, et ont chacune leurs caractéristiques, que ce soit le volume de solution utilisé, la rugosité ou l'épaisseur de la couche, ou la nécessité d'utiliser plusieurs couches.

4.2.1   Dépôt par drop-casting

La technique de drop-casting consiste à laisser évaporer des gouttes de solution après dépôt sur le substrat. Il est également possible de laisser le substrat dans une atmosphère contrôlée en pression de vapeur saturante du solvant pour ralentir la cinétique d'évaporation. Si en général, le dépôt de polymères donne lieu à des films relativement non rugueux (rugosité RMS de 50 nm pour 1 μm d'épaisseur de P3HT), l'obtention de films continus et non rugueux de NCx se révèle être délicat. Cependant, le changement de solvant ainsi que l'atmosphère saturée peut donner lieu à des films non craquelés (e.g. remplacement du chloroforme par le tetrachloroethylene ou le toluène). [37,38] D'autres travaux, avec des nanoparticules d'or expliquent qu'un mélange de solvant peut influer sur le démouillage des films avec par exemple un mélange toluène/dodecanethiol. [39] Cette technique est notamment beaucoup utilisée pour des mélanges de NCx bicomposés comme avec Au/PbSe, qui donnent d'excellents résultats. [40–42]

Dans notre cas, la réalisation de films par drop-casting n'a pas fonctionné malgré le changement de solvant et l'atmosphère saturée. Une des raisons peut être la polydispersité en taille des NCx de $CuInSe_2$ avec lesquels nous l'avons essayé. D'autre part, nous voulions obtenir des films d'épaisseur mince (< 200 nm) ce qui n'est pas aisé en suivant cette technique.

4.2.2 Dépôt par dip-coating

Le dépôt par dip-coating, inspiré par le dépôt couche par couche a d'abord été développé pour les polyélectrolytes mais a ensuite été généralisé aux autres matériaux. [43–46] Cette technique permet d'alterner le dépôt en jouant sur l'adhérence des couches les unes sur les autres par stabilisation de charges. Dans notre cas, avec des NCx à longues chaînes alkyles stabilisantes, un échange de ligand est nécessaire, comme nous l'avons expliqué dans la partie 4.1. Des travaux sur le dépôt couche par couche de NCx pour la réalisation de dispositifs ont déjà été reportés récemment : le groupe de NOZIK au NREL a développé cette technique pour des NCx de PbSe et PbS, rapidement suivi par le groupe de SARGENT et d'autres équipes de la communauté scientifique. [47–50]

Nous avons donc utilisé cette méthode pour déposer des couches continues et conductrices d'épaisseurs variables. Les principales difficultés liées à cette méthode sont d'adapter la mouillabilité du substrat ainsi que d'éviter la redissolution de la couche déposée lors de l'échange de ligands. Comme le montre le schéma de la figure 4.8, on dépose en premier une monocouche de NCx que l'on fait sécher, puis on trempe le film dans une solution avec un ligand plus favorable (voir partie 4.1), on laisse sécher de nouveau puis on rince dans une solution contenant le solvant des NCx pour retirer tout NCx n'étant pas bien accroché au substrat ou n'ayant pas subi d'échange de ligands. Ce cycle peut être répété pour permettre l'augmentation de l'épaisseur du film. Une des qualités du dip-coating est aussi que le dépôt ne consomme que la quantité de matériau nécessaire à la constitution de la couche mince, la solution contenue dans le bécher pouvant être réutilisée.

Une étape de nettoyage avant le dépôt est primordiale. Étant intéressé par des mesures électriques, nous avons choisi de faire le dépôt sur des substrats de verre recouvert d'ITO. Après des nettoyages dans des bains successifs d'acétone puis d'éthanol avec ultrasons, les substrats sont exposés à un rayonnement UV dans un nettoyeur UV-ozone. La génération d'ozone induite par les UV dans une atmosphère confinée annihile toute trace des polluants organiques présente sur le substrat. La première couche de NCx est importante car elle va constituer la couche d'accrochage. Les paramètres principaux sont la vitesse de levée du substrat hors de la solution ainsi que le temps d'attente après dépôt. Il faut ajuster ces paramètres pour qu'à la suite d'un seul cycle, une coloration apparaisse sur le substrat, preuve d'un premier dépôt réussi. Une fois ces paramètres réglés, on peut empiler les couches les unes sur les autres et contrôler l'épaisseur graduellement. Un autre paramètre important est la température d'ébullition du solvant : l'enceinte de dépôt n'étant pas confinée, il faut surveiller le niveau du contenant car une hétérogénéité de surface pourrait apparaître.

Nous avons réalisé un dépôt de NCx de $CuInSe_2$ par cette technique en faisant un échange de ligands de l'oléylamine par l'EDT. Pour ce faire, nous avons trempé le substrat dans une solution de $CuInSe_2$ de concentration 10 mg/mL dans le chloroforme puis dans une solution d'EDT dans l'acetonitrile (0,01 M), ce qui constitue un cycle. Nous avons effectué 25 cycles pour ce film (durée totale du dépôt : 6 heures).

L'image MEB vue en coupe de la figure 4.9c montre une couche d'environ 400 nm et qui à la vue de cette image ne révèle pas de rugosité énorme, mais l'exploitation de cette donnée est difficile sous cet angle de vue. Comme le montre la figure 4.9a, l'image MEB en vue du dessus révèle une surface

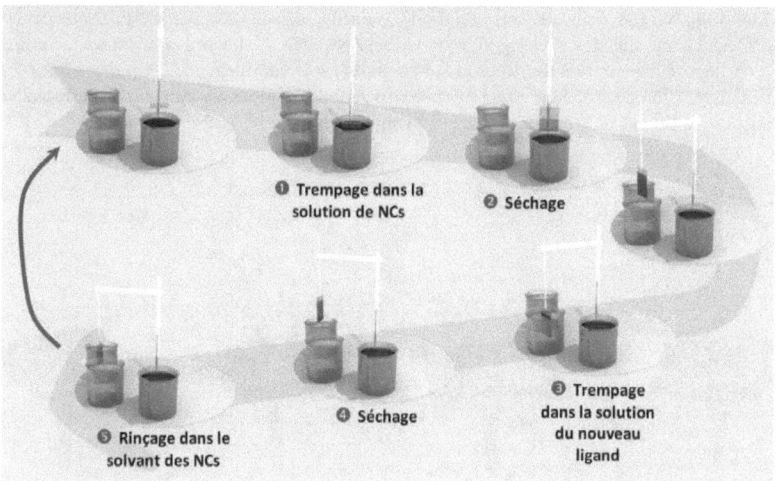

Fig. 4.8 – Schéma représentant le dépôt par dip-coating. Le dépôt s'articule autour de trois étapes majeures : trempage dans une solution concentré de NCx (1), trempage dans une solution de ligands à échanger (3) et rinçage du film dans le solvant des NCx. Les étapes intermédiaires (2 et 4) sont le séchage du film après trempage.

rugueuse à une échelle micrométrique ce qui est confirmé par l'image AFM de la figure 4.9b qui montre une rugosité RMS de 38 nm pour une rugosité pic à pic de 170 nm. Cette rugosité élevée est beaucoup trop importante pour espérer contrôler précisément l'épaisseur de la couche. Les explications possibles de cette rugosité élevée sont la dispersion en taille des NCx ainsi que la présence possible d'agrégats en solution. [51]

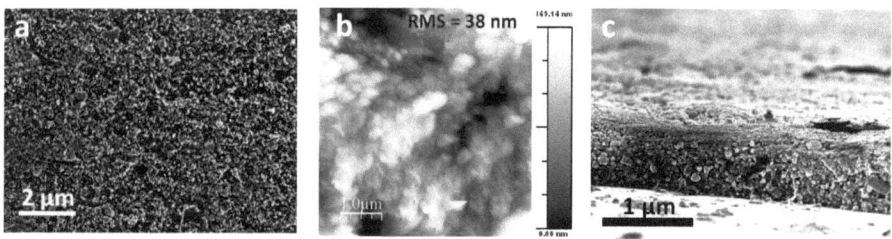

Fig. 4.9 – Film de NCx de CuInSe$_2$ réalisé par dip-coating avec un échange de ligand de l'oléylamine par l'EDT. a) Cliché MEB en vue de dessus du film, b) Image AFM pour une surface de 5x5 µm^2 ainsi que la rugosité RMS moyenne mesurée et c) Cliché MEB du film avec une vue en coupe sous un angle d'observation de 80°.

4.2.3   Dépôt par spin-coating

Le dépôt par spin-coating est une technique utilisée au départ pour déposer des résines photo-sensibles en microélectronique. De toutes premières études montrent la dépendance de l'épaisseur du film en fonction des paramètres de spin. [52–58] Des travaux ultérieurs ont été réalisés sur le dépôt de colloïdes et de NCx en utilisant cette méthode et obtiennent des empilements 3D de ces structures avec des colloïdes de silicates ou des NCx de CdSe/ZnS. [59–61] Le principe du spin-coating est le suivant : on dépose des gouttes de solution sur un substrat préalablement fixé par aspiration sur une tournette puis par force centrifuge une majeure partie de la solution va partir, permettant l'accroche d'une couche très fine et de rugosité faible sur le substrat.

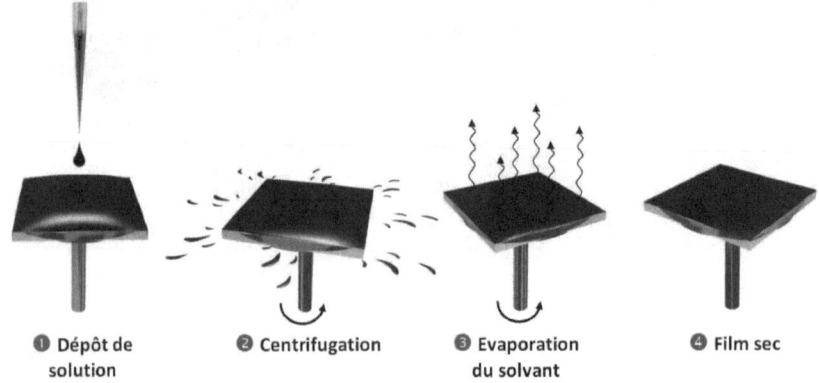

❶ Dépôt de solution ❷ Centrifugation ❸ Evaporation du solvant ❹ Film sec

Fig. 4.10 – Schéma de principe du spin-coating suivant quatres étapes : Le dépôt, la centrifugation, l'évaporation du solvant et l'obtention d'un film sec.

Les paramètres importants pour cette technique sont la vitesse de rotation et la durée de centrifugation. La vitesse de rotation influe sur :
- l'épaisseur du film. Plus on tourne vite, plus le film est mince. Cependant, la viscosité du composé entre ici en jeu car un produit plus visqueux nécessitera une vitesse plus élevée pour étaler le produit ;
- la rugosité du film. Comme la rugosité est directement induite par la cinétique d'évaporation, il est important que la quantité présente de produit sur le substrat avant le séchage soit contrôlée pour éviter des variations d'épaisseur trop importantes ;
- la morphologie du film. Il a été observé par exemple pour le P3HT différentes formes morphologiques induites par la vitesse de centrifugation. [62]

D'autre part, la durée de rotation est également très importante car elle doit être ajustée en fonction du point d'ébullition du solvant. Un solvant à haut point d'ébullition nécessitera plus de temps pour que tout le solvant s'évapore et que le film soit sec. Il est impératif que le film soit sec à l'arrêt de rotation de l'appareil afin que le film obtenu soit uniforme. Notons également ici que la mouillabilité et la propreté du substrat ont une importance capitale comme pour le dip-coating. La moindre poussière présente sur le substrat engendrera de grandes variations d'épaisseur. Le principal défaut est que cette technique consomme beaucoup de matière car la majorité du produit déposé sur le substrat est gaspillé par éjection hors du substrat.

Cette technique est aujourd'hui la technique de base de dépôt des couches actives dans les cellules solaire organiques car les polymères conviennent bien à cette méthode de dépôt. Pour ce qui est des nanocristaux, nous avons relevé le fait qu'il nécessite un post-traitement d'échange de ligands pour augmenter la conduction du film. Bien que le spin-coating permette l'obtention de film de NCx uniforme et non-rugueux, la réalisation de l'échange de ligands par trempage du film dans une solution de nouveaux ligands, engendre des craquelures néfastes à l'utilisation de ces films. Une technique de couche par couche utilisant le spin-coating a alors été développée dans la littérature, permettant à la première couche craquelée (à cause de l'échange de ligands) de servir de couche d'accroche pour la seconde et bouchant ainsi les trous créés. Cette technique, éprouvée, conduit à des dispositifs à base de NCx utilisés majoritairement pour des cellules solaires aujourd'hui et montre qu'il est possible d'obtenir des films continus et conducteurs de NCx. [63–73]

Nous avons donc utilisé cette technique pour réaliser des films continus conducteurs avec des NCx de SnS. Nous avons préféré ici l'échange de ligands avec le 1,4-BDT au lieu de l'EDT pour des problèmes de toxicité de l'EDT qui est aussi très volatile et malodorant.

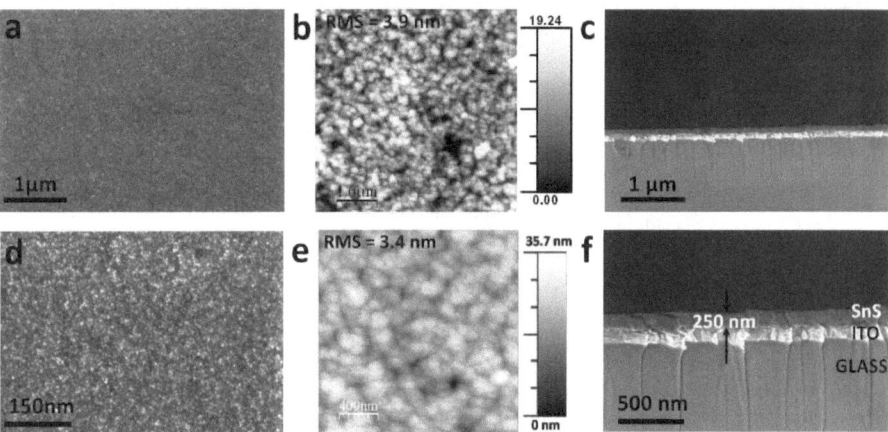

Fig. 4.11 – **a)** et **d)** Clichés MEB en vue du dessus à deux grandissements montrant l'organisation des NCx, **b)** et **e)** Images AFM avec une surface de 5x5 μm^2 et 2x2 μm^2 permettant la mesure de la rugosité, **c)** et **f)** Clichés MEB en coupe montrant l'épaisseur de la couche de SnS déposé sur ITO.

Comme le montre la figure 4.11, la technique de couche par couche avec le spin-coating s'avère être une bonne alternative car elle permet d'obtenir des couches faiblement rugueuses (RMS < 5 nm) tout en pouvant contrôler l'épaisseur. Les NCx de SnS visibles dans la figure 4.11d semblent adopter une organisation proche de celle observée lors de l'analyse en STEM des NCx dans le chapitre 2. On note également que l'image AFM de la figure 4.11e montre des NCx qui sont de l'ordre de la centaine de nanomètres (en mesurant avec l'échelle topographique). L'AFM donne l'image de la convolution que fait la pointe avec la surface, c'est-à-dire qu'il y a une importante composante de la pointe. En réalité ici les NCx de SnS font environ 7 nm et on observe ici quasiment un ordre de grandeur de différence, conséquence de l'effet de pointe. Pour cette raison, l'AFM est très bien adapté pour déterminer la rugosité (pas d'effet de pointe en direction z), mais pas pour des mesures latérales à l'échelle nanométrique. Enfin, les vues de coupe faites au MEB permettent de voir distinctement l'empilement du film sur le substrat d'ITO. [74]

4.2.4 Dépôt par doctor blade

Le dépôt par doctor blade est en fait une technique cousine de la sérigraphie. Elle consiste donc à étaler par le biais d'une lame une solution ou une pâte sur une surface. La production de films minces de céramique a été le premier domaine à utiliser cette technique alors appelée « tape casting ». [75,76]

Ces études expérimentales pour la constitution de céramiques ont permis d'identifier les paramètres importants jouant sur la qualité du dépôt :

- la constitution de la pâte est très importante : le choix du solvant, de la poudre, du liant, du plastifiant et du dispersant influent directement sur le dépôt final ;

- pendant le procédé, les paramètres mis en jeu sont : l'agitation de la pâte avant dépôt (le contrôle de sa viscosité), la vitesse du dépôt par la lame, la nature de la lame et sa distance par rapport au substrat, ainsi que la température du substrat pendant le dépôt (généralement indexée sur le point

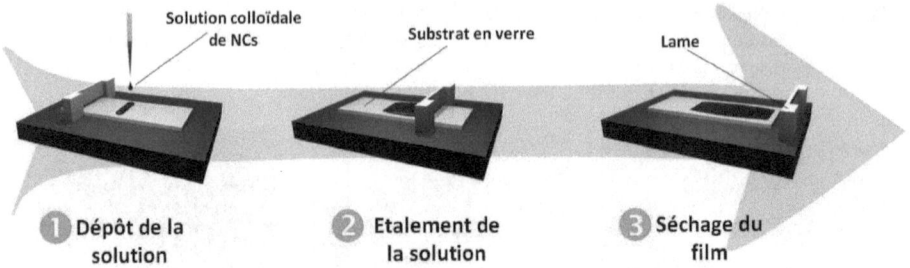

Fig. 4.12 – Schéma de fonctionnement du doctor blade par trois étapes principales : le dépôt et l'étalement de la solution (1 et 2) et le séchage du film (3).

d'ébullition du solvant) ;

- après le procédé, quelques étapes peuvent être effectuées pour améliorer la qualité du dépôt : une action mécanique (laminage, brossage, pressage), ou une action thermique (recuit ou frittage).

Le doctor blade a ensuite très rapidement trouvé une utilisation dans le domaine des cellules solaires avec la constitution d'abord de la couche active dans les cellules solaires de type CIGS, [77, 78] puis a été adapté pour les cellules solaires organiques. [79] Des essais avec des NCx ont suivi notamment pour la constitution de réseaux auto-organisés pouvant servir dans des dispositifs comme les photodiodes infrarouge, [80] ou pour des couches magnétiques. [81, 82]

Dans notre cas, cette technique peut nous être bien utile lorsque l'on utilise directement des solutions de NCx qui ne nécessitent pas d'échange de ligands. En effet, le dépôt couche par couche pour cette méthode n'est pas adapté pour des couches minces (de l'ordre d'une centaine de nanomètres) car le doctor blade permet de réaliser des couches relativement épaisses (plus de 100 nm) jusqu'à plusieurs microns. Nous avons donc réalisé des films de NCx de CuInSe$_2$ par cette voie en utilisant premièrement des NCx ayant des ligands de synthèse (oléylamine).

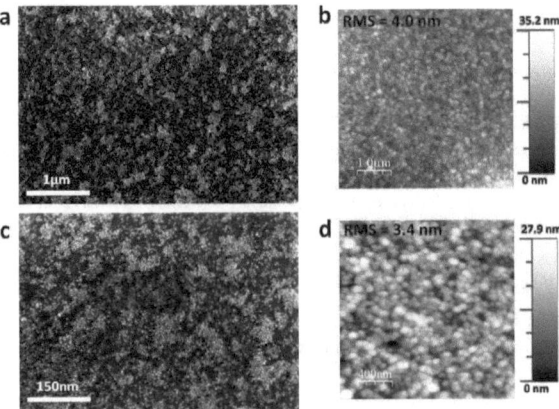

Fig. 4.13 – a) et c) Clichés MEB des films à deux grandissements différents de NCx de CuInSe$_2$ réalisés par doctor blade, b) et d) Images AFM avec une surface de 5x5 µm^2 et 2x2 µm^2 permettant la mesure de la rugosité des mêmes films.

Comme nous le montrent les images MEB de cette couche déposée (Figure 4.13), la rugosité est étonnamment faible. En effet, les travaux de BODNARCHUK et coll. avaient mis en évidence des effets de vaguelettes sur les films réalisés. Ici, la surface est plane et on peut même distinguer les organisations de NCx. Les images AFM confirment la faible rugosité (rugosité RMS de l'ordre de 3-4 nm) et révèlent des NCx d'une taille d'environ 100 nm, toujours un ordre de grandeur au-dessus de leur taille réelle dû à la convolution de la pointe et de la surface. Les films ont une épaisseur de 120 nm mesurée par profilomètrie de surface.

Nous avons également déposé des NCx avec des ligands MCCs, ligands dont nous avons vu qu'ils étaient beaucoup plus conducteurs électriquement. Malgré la présence de l'hydrazine comme solvant nous avons fait le dépôt à l'air et il n'y a eu aucun problème.

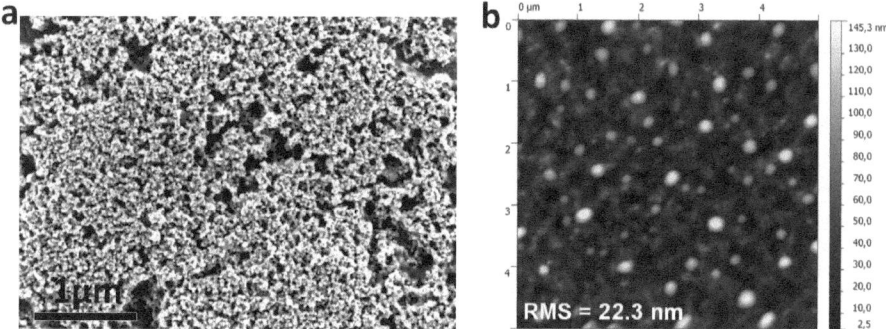

Fig. 4.14 – **a)** Cliché MEB du film composés de NCx de $CuInSe_2$ avec des ligands MCC, **b)** Image AFM de surface 5x5 μm^2 du même film révélant une forte rugosité.

Les clichés MEB du film obtenu présentent une structure en éponge (Figure 4.14), laissant transparaitre une faible densité et la présence importante de trous. La discontinuité du film est d'autant plus marquée par un aperçu à l'œil du film : celui-ci ne semble pas uniformément coloré sur toute la surface du film. L'image AFM donnant une rugosité RMS de 22 nm confirme le caractère rugueux du film. Malheureusement nous n'avons pas pu exploiter ce film en raison de son caractère discontinu.

Bibliographie

[1] Y. SUN et Y. XIA, « Shape-controlled synthesis of gold and silver nanoparticles. », *Science*, vol. 298, p. 2176–9, déc. 2002. (cité en page 76)

[2] A. PANDET et P. GUYOT-SIONNEST, « Slow Electron Cooling in Colloidal », *Science*, vol. 322, no. November, p. 929–932, 2008. (cité en page 76)

[3] D. YU, C. WANG et P. GUYOT-SIONNEST, « n-Type conducting CdSe nanocrystal solids. », *Science*, vol. 300, p. 1277–80, mai 2003. (cité en pages 25, 48, 76 et 78)

[4] N. MORGAN, C. LEATHERDALE, M. DRNDIĆ, M. JAROSZ, M. KASTNER et M. BAWENDI, « Electronic transport in films of colloidal CdSe nanocrystals », *Physical Review B*, vol. 66, août 2002. (cité en page 76)

[5] H. LEE, S. E. HABAS, S. KWESKIN, D. BUTCHER, G. A. SOMORJAI et P. YANG, « Morphological control of catalytically active platinum nanocrystals. », *Angewandte Chemie (International ed. in English)*, vol. 45, p. 7824–8, nov. 2006. (cité en page 76)

[6] C. B. MURRAY, S. SUN, H. DOYLE et T. BETTLEY, « Monodisperse 3d Transition-metal (Co, Ni, Fe) nanoparticles and their assembly into nanoparticle superlattices », *MRS Bulletin*, vol. 26, p. 985, 2001. (cité en page 76)

[7] G. KONSTANTATOS, I. HOWARD, A. FISCHER, S. HOOGLAND, J. CLIFFORD, E. KLEM, L. LEVINA et E. H. SARGENT, « Ultrasensitive solution-cast quantum dot photodetectors. », *Nature*, vol. 442, p. 180–3, juil. 2006. (cité en pages 76 et 77)

[8] I. GUR, N. A. FROMER, M. L. GEIER et A. P. ALIVISATOS, « Air-stable all-inorganic nanocrystal solar cells processed from solution. », *Science*, vol. 310, p. 462–5, oct. 2005. (cité en page 76)

[9] D. V. TALAPIN et C. B. MURRAY, « PbSe nanocrystal solids for n- and p-channel thin film field-effect transistors. », *Science*, vol. 310, p. 86–9, oct. 2005. (cité en pages 25 et 76)

[10] J. M. CARUGE, J. E. HALPERT, V. WOOD, V. BULOVIĆ et M. G. BAWENDI, « Colloidal quantum-dot light-emitting diodes with metal-oxide charge transport layers », *Nature Photonics*, vol. 2, p. 247–250, mars 2008. (cité en page 76)

[11] A. ZABET-KHOSOUSI et A.-A. DHIRANI, « Charge transport in nanoparticle assemblies. », *Chemical reviews*, vol. 108, p. 4072–124, oct. 2008. (cité en pages 16 et 76)

[12] D. V. TALAPIN, J.-S. LEE, M. V. KOVALENKO et E. V. SHEVCHENKO, « Prospects of colloidal nanocrystals for electronic and optoelectronic applications. », *Chemical reviews*, vol. 110, p. 389–458, jan. 2010. (cité en pages 17 et 76)

[13] Y. LIU, M. GIBBS, J. PUTHUSSERY, S. GAIK, R. IHLY, H. W. HILLHOUSE et M. LAW, « Dependence of carrier mobility on nanocrystal size and ligand length in PbSe nanocrystal solids. », *Nano letters*, vol. 10, p. 1960–9, mai 2010. (cité en pages viii, 24, 76, 78 et 82)

[14] M. KUNO, J. K. LEE, B. O. DABBOUSI, F. V. MIKULEC et M. G. BAWENDI, « The band edge luminescence of surface modified CdSe nanocrystallites : Probing the luminescing state », *The Journal of Chemical Physics*, vol. 106, p. 9869, juin 1997. (cité en page 76)

[15] B. A. RIDLEY, « All-Inorganic Field Effect Transistors Fabricated by Printing », *Science*, vol. 286, p. 746–749, oct. 1999. (cité en page 76)

[16] M. DRNDIC, M. V. JAROSZ, N. Y. MORGAN, M. A. KASTNER et M. G. BAWENDI, « Transport properties of annealed CdSe colloidal nanocrystal solids », *Journal of Applied Physics*, vol. 92, p. 7498, déc. 2002. (cité en page 76)

[17] B. L. CUSHING, V. L. KOLESNICHENKO et C. J. O'CONNOR, « Recent advances in the liquid-phase syntheses of inorganic nanoparticles. », *Chemical reviews*, vol. 104, p. 3893–946, sept. 2004. (cité en page 76)

[18] C. BURDA, X. CHEN, R. NARAYANAN et M. A. EL-SAYED, « Chemistry and properties of nanocrystals of different shapes. », *Chemical reviews*, vol. 105, p. 1025–102, avril 2005. (cité en page 76)

[19] J. A. DAHL, B. L. S. MADDUX et J. E. HUTCHISON, « Toward greener nanosynthesis. », *Chemical reviews*, vol. 107, p. 2228–69, juin 2007. (cité en page 76)

[20] M. GREEN, « The nature of quantum dot capping ligands », *Journal of Materials Chemistry*, vol. 20, no. 28, p. 5797, 2010. (cité en page 77)

[21] W. W. YU, Y. A. WANG et X. PENG, « Formation and Stability of Size- , Shape- , and Structure-Controlled CdTe Nanocrystals : Ligand Effects on Monomers and Nanocrystals », *Chemistry of Materials*, vol. 15, p. 4300–4308, 2003. (cité en page 77)

[22] M. J. HOSTETLER, A. C. TEMPLETON et R. W. MURRAY, « Dynamics of Place-Exchange Reactions on Monolayer-Protected Gold Cluster Molecules », *Langmuir*, vol. 15, p. 3782–3789, mai 1999. (cité en page 77)

[23] E. E. FOOS, A. W. SNOW, M. E. TWIGG et M. G. ANCONA, « Thiol-Terminated Di-, Tri-, and Tetraethylene Oxide Functionalized Gold Nanoparticles : A Water-Soluble, Charge-Neutral Cluster », *Chemistry of Materials*, vol. 14, p. 2401–2408, mai 2002. (cité en page 77)

[24] N. GAPONIK, D. V. TALAPIN, A. L. ROGACH, A. EYCHMÜLLER et H. WELLER, « Efficient Phase Transfer of Luminescent Thiol-Capped Nanocrystals : From Water to Nonpolar Organic Solvents », *Nano Letters*, vol. 2, p. 803–806, août 2002. (cité en page 77)

[25] C. B. MURRAY, D. J. NORRIS et M. G. BAWENDI, « Synthesis and characterization of nearly monodisperse CdE (E = sulfur, selenium, tellurium) semiconductor nanocrystallites », *Journal of the American Chemical Society*, vol. 115, p. 8706–8715, sept. 1993. (cité en pages 19, 38, 48 et 77)

[26] N. GREENHAM, X. PENG et A. ALIVISATOS, « Charge separation and transport in conjugated-polymer/semiconductor-nanocrystal composites studied by photoluminescence quenching and photoconductivity », *Physical Review B*, vol. 54, p. 17628–17637, déc. 1996. (cité en page 77)

[27] M. BRUST, D. J. SCHIFFRIN, D. BETHELL et C. J. KIELY, « Novel gold-dithiol nano-networks with non-metallic electronic properties », *Advanced Materials*, vol. 7, p. 795–797, sept. 1995. (cité en page 78)

[28] A. ZABET-KHOSOUSI, P.-E. TRUDEAU, Y. SUGANUMA, A.-A. DHIRANI et B. STATT, « Metal to Insulator Transition in Films of Molecularly Linked Gold Nanoparticles », *Physical Review Letters*, vol. 96, avril 2006. (cité en page 78)

[29] J. E. B. KATARI, V. L. COLVIN et A. P. ALIVISATOS, « X-ray Photoelectron Spectroscopy of CdSe Nanocrystals with Applications to Studies of the Nanocrystal Surface », *The Journal of Physical Chemistry*, vol. 98, p. 4109–4117, avril 1994. (cité en page 78)

[30] K. OVERGAAG, P. LILJEROTH, B. GRANDIDIER et D. VANMAEKELBERGH, « Scanning tunneling spectroscopy of individual PbSe quantum dots and molecular aggregates stabilized in an inert nanocrystal matrix. », *ACS nano*, vol. 2, p. 600–6, mars 2008. (cité en page 78)

[31] I. SWART, Z. SUN, D. VANMAEKELBERGH et P. LILJEROTH, « Hole-induced electron transport through core-shell quantum dots : a direct measurement of the electron-hole interaction. », *Nano letters*, vol. 10, p. 1931–5, mai 2010. (cité en page 78)

[32] M. BRUST, D. BETHELL, C. J. KIELY et D. J. SCHIFFRIN, « Self-Assembled Gold Nanoparticle Thin Films with Nonmetallic Optical and Electronic Properties », *Langmuir*, vol. 14, p. 5425–5429, sept. 1998. (cité en page 78)

[33] E. NACHBAUR et G. LEISEDER, « Uber eine einfache und gefahrlose Methode zur Darstellung von wasserfreiem Hydrazin », *Monatshefte für Chemie*, vol. 102, p. 1718–1723, nov. 1971. (cité en pages 79 et 129)

[34] M. V. KOVALENKO, M. SCHEELE et D. V. TALAPIN, « Colloidal nanocrystals with molecular metal chalcogenide surface ligands. », *Science*, vol. 324, p. 1417–20, juin 2009. (cité en pages 25 et 81)

[35] E. J. D. KLEM, H. SHUKLA, S. HINDS, D. D. MACNEIL, L. LEVINA et E. H. SARGENT, « Impact of dithiol treatment and air annealing on the conductivity, mobility, and hole density in PbS colloidal quantum dot solids », *Applied Physics Letters*, vol. 92, p. 212105, mai 2008. (cité en page 82)

[36] A. de KERGOMMEAUX, A. FIORE, J. FAURE-VINCENT, F. CHANDEZON, A. PRON, R. de BETTIGNIES et P. REISS, « Highly conductive CuInSe2 nanocrystals with inorganic surface ligands », *Materials Chemistry and Physics*, vol. 136, p. 877–882, oct. 2012. (cité en page 83)

[37] M. G. PANTHANI, V. AKHAVAN, B. GOODFELLOW, J. P. SCHMIDTKE, L. DUNN, A. DODABALAPUR, P. F. BARBARA et B. A. KORGEL, « Synthesis of CuInS2, CuInSe2, and Cu(InxGa(1-x))Se2 (CIGS) nanocrystal "inks" for printable photovoltaics. », *Journal of the American Chemical Society*, vol. 130, p. 16770–7, déc. 2008. (cité en pages 34, 35, 84, 108 et 120)

[38] Q. GUO, S. KIM, M. KAR et W. SHAFARMAN, « Development of CuInSe2 nanocrystal and nanoring inks for low-cost solar cells », *Nano letters*, vol. 8, no. 9, p. 2982–2987, 2008. (cité en pages 84 et 107)

[39] X. M. LIN, H. M. JAEGER, C. M. SORENSEN et K. J. KLABUNDE, « Formation of Long-Range-Ordered Nanocrystal Superlattices on Silicon Nitride Substrates », *The Journal of Physical Chemistry B*, vol. 105, p. 3353–3357, mai 2001. (cité en page 84)

[40] Z. CHEN, J. MOORE, G. RADTKE, H. SIRRINGHAUS et S. O'BRIEN, « Binary nanoparticle superlattices in the semiconductor-semiconductor system : CdTe and CdSe. », *Journal of the American Chemical Society*, vol. 129, p. 15702–9, déc. 2007. (cité en pages 22 et 84)

[41] E. V. SHEVCHENKO, D. V. TALAPIN, N. A. KOTOV, S. O'BRIEN et C. B. MURRAY, « Structural diversity in binary nanoparticle superlattices. », *Nature*, vol. 439, p. 55–9, jan. 2006. (cité en pages 22 et 84)

[42] E. V. SHEVCHENKO, D. V. TALAPIN, C. B. MURRAY et S. O'BRIEN, « Structural characterization of self-assembled multifunctional binary nanoparticle superlattices. », *Journal of the American Chemical Society*, vol. 128, p. 3620–37, mars 2006. (cité en page 84)

[43] G. DECHER, J. HONG et J. SCHMITT, « Buildup of ultrathin multilayer films by a self-assembly process : III. Consecutively alternating adsorption of anionic and cationic polyelectrolytes on charged surfaces », *Thin Solid Films*, vol. 210-211, p. 831–835, avril 1992. (cité en page 84)

[44] Y. LVOV, G. DECHER et H. MOEHWALD, « Assembly, structural characterization, and thermal behavior of layer-by-layer deposited ultrathin films of poly(vinyl sulfate) and poly(allylamine) », *Langmuir*, vol. 9, p. 481–486, fév. 1993. (cité en page 84)

[45] G. DECHER, « Fuzzy Nanoassemblies : Toward Layered Polymeric Multicomposites », *Science*, vol. 277, p. 1232–1237, août 1997. (cité en page 84)

[46] Y. LU, R. GANGULI, C. A. DREWIEN, M. T. ANDERSON, C. J. BRINKER, W. GONG, Y. GUO, H. SOYEZ, B. DUNN, M. H. HUANG et J. I. ZINK, « Continuous formation of supported cubic and hexagonal mesoporous films by sol-gel dip-coating », vol. 389, p. 364–368, sept. 1997. (cité en page 84)

[47] J. M. LUTHER, M. LAW, M. C. BEARD, Q. SONG, M. O. REESE, R. J. ELLINGSON et A. J. NOZIK, « Schottky solar cells based on colloidal nanocrystal films. », *Nano letters*, vol. 8, p. 3488–92, oct. 2008. (cité en pages vii, 2, 11, 41, 84 et 107)

[48] J. M. LUTHER, M. LAW, Q. SONG, C. L. PERKINS, M. C. BEARD et A. J. NOZIK, « Structural, optical, and electrical properties of self-assembled films of PbSe nanocrystals treated with 1,2-ethanedithiol. », *ACS nano*, vol. 2, p. 271–80, fév. 2008. (cité en pages 41, 84 et 107)

[49] J. TANG, X. WANG, L. BRZOZOWSKI, D. A. R. BARKHOUSE, R. DEBNATH, L. LEVINA et E. H. SARGENT, « Schottky quantum dot solar cells stable in air under solar illumination. », *Advanced materials*, vol. 22, p. 1398–402, mars 2010. (cité en pages 41 et 84)

[50] J. GAO, C. PERKINS, J. LUTHER, M. HANNA, H. CHEN, O. SEMONIN, A. J. NOZIK, R. J. ELLIGSON et M. C. BEARD, « n-Type Transition Metal Oxide as a Hole Extraction Layer in PbS Quantum Dot Solar Cells », *Nano letters*, vol. 11, p. 3263–3266, 2011. (cité en page 84)

[51] A. de KERGOMMEAUX, A. FIORE, N. BRUYANT, F. CHANDEZON, P. REISS, A. PRON, R. de BETTI- GNIES et J. FAURE-VINCENT, « Synthesis of colloidal CuInSe2 nanocrystals films for photovoltaic applications », *Solar Energy Materials and Solar Cells*, vol. 95, p. S39–S43, mai 2011. (cité en page 85)

[52] D. MEYERHOFER, « Characteristics of resist films produced by spinning », *Journal of Applied Physics*, vol. 49, p. 3993, juil. 1978. (cité en page 85)

[53] P. C. SUKANEK, « Dependence of Film Thickness on Speed in Spin Coating », *Journal of The Electrochemical Society*, vol. 138, p. 1712, juin 1991. (cité en page 85)

[54] S. M. CRITCHLEY, M. R. WILLIS, M. J. COOK, J. MCMURDO et Y. MARUYAMA, « Deposition of ordered phthalocyanine films by spin coating », *Journal of Materials Chemistry*, vol. 2, no. 2, p. 157, 1992. (cité en page 85)

[55] G. C. BRYANT, M. J. COOK, C. RUGGIERO, T. G. RYAN, A. J. THORNE, S. D. HASLAM et R. M. RICHARDSON, « Structural study of spin coated and LB films of monomeric and oligomeric phthalocyanines », *Thin Solid Films*, vol. 243, p. 316–324, mai 1994. (cité en page 85)

[56] P. C. SUKANEK, « "Anomalous" Speed Dependence in Polyimide Spin Coating », *Journal of The Electrochemical Society*, vol. 144, p. 3959, nov. 1997. (cité en page 85)

[57] A. HASSAN, A. NABOK, A. RAY, A. LUCKE, K. SMITH, C. STIRLING et F. DAVIS, « Thin films of calix-4-resorcinarene deposited by spin coating and Langmuir–Blodgett techniques : determination of film parameters by surface plasmon resonance », *Materials Science and Engineering : C*, vol. 8-9, p. 251–255, déc. 1999. (cité en page 85)

[58] A. HASSAN, A. RAY, A. NABOK et S. PANIGRAHI, « Surface plasmon resonance studies on spin coa- ted films of azobenzene-substituted calix-4-resorcinarene molecules », *IEE Proceedings - Science, Measurement and Technology*, vol. 147, no. 3, p. 137, 2000. (cité en page 85)

[59] P. JIANG et M. J. MCFARLAND, « Large-scale fabrication of wafer-size colloidal crystals, ma- croporous polymers and nanocomposites by spin-coating. », *Journal of the American Chemical Society*, vol. 126, p. 13778–86, oct. 2004. (cité en page 86)

[60] S. COE-SULLIVAN, J. S. STECKEL, W.-K. WOO, M. G. BAWENDI et V. BULOVIĆ, « Large-Area Ordered Quantum-Dot Monolayers via Phase Separation During Spin-Casting », *Advanced Func- tional Materials*, vol. 15, p. 1117–1124, juil. 2005. (cité en page 86)

[61] P. JIANG, T. PRASAD, M. J. MCFARLAND et V. L. COLVIN, « Two-dimensional nonclose-packed colloidal crystals formed by spincoating », *Applied Physics Letters*, vol. 89, p. 011908, juil. 2006. (cité en page 86)

[62] S. BERSON, *Synthèse, caractérisation et nanostructuration de dérivés du polythiophène pour des applications en cellules photovoltaïques organiques*. Thèse doctorat, Université de Grenoble, 2007. (cité en page 86)

[63] K. W. JOHNSTON, A. G. PATTANTYUS-ABRAHAM, J. P. CLIFFORD, S. H. MYRSKOG, D. D. MACNEIL, L. LEVINA et E. H. SARGENT, « Schottky-quantum dot photovoltaics for efficient infrared power conversion », *Applied Physics Letters*, vol. 92, no. 15, p. 151115, 2008. (cité en page 87)

[64] G. I. KOLEILAT, L. LEVINA, H. SHUKLA, S. H. MYRSKOG, S. HINDS, A. G. PATTANTYUS- ABRAHAM et E. H. SARGENT, « Efficient, Stable Infrared Photovoltaics Quantum Dots », *ACS nano*, vol. 2, no. 5, p. 833–840, 2008. (cité en pages 11 et 87)

[65] Y. WU, C. WADIA, W. MA, B. SADTLER et A. P. ALIVISATOS, « Synthesis and photovoltaic application of copper (I) sulfide nanocrystals », *Nano letters*, vol. 8, no. 1, p. 2551–2555, 2008. (cité en page 87)

[66] J. J. CHOI, Y.-F. LIM, M. B. SANTIAGO-BERRIOS, M. OH, B.-R. HYUN, L. SUN, A. C. BART-NIK, A. GOEDHART, G. G. MALLIARAS, H. D. ABRUÑA, F. W. WISE et T. HANRATH, « PbSe nanocrystal excitonic solar cells. », *Nano letters*, vol. 9, p. 3749–55, nov. 2009. (cité en page 87)

[67] K. LESCHKIES, T. BEATTY, M. KANG et D. NORRIS, « Solar cells based on junctions between colloidal PbSe nanocrystals and thin ZnO films », *ACS nano*, vol. 3, p. 3638–48, nov. 2009. (cité en page 87)

[68] J. D. OLSON, Y. W. RODRIGUEZ, L. D. YANG, G. B. ALERS et S. a. CARTER, « CdTe Schottky diodes from colloidal nanocrystals », *Applied Physics Letters*, vol. 96, no. 24, p. 242103, 2010. (cité en page 87)

[69] P. R. BROWN, R. R. LUNT, N. ZHAO, T. P. OSEDACH, D. D. WANGER, L.-Y. CHANG, M. G. BAWENDI et V. BULOVIĆ, « Improved current extraction from ZnO/PbS quantum dot hetero-junction photovoltaics using a MoO3 interfacial layer. », *Nano letters*, vol. 11, p. 2955–61, juil. 2011. (cité en page 87)

[70] J. GAO, J. M. LUTHER, O. E. SEMONIN, R. J. ELLINGSON, A. J. NOZIK et M. C. BEARD, « Quantum Dot Size Dependent J-V Characteristics in Heterojunction », *Nano Letters*, vol. 11, no. 3, p. 1002–1008, 2011. (cité en page 87)

[71] J. TANG, K. W. KEMP, S. HOOGLAND, K. S. JEONG, H. LIU, L. LEVINA, M. FURUKAWA, X. WANG, R. DEBNATH, D. CHA, K. W. CHOU, A. FISCHER, A. AMASSIAN, J. B. ASBURY et E. H. SARGENT, « Colloidal-quantum-dot photovoltaics using atomic-ligand passivation. », *Nature materials*, vol. 10, p. 765–71, oct. 2011. (cité en pages vii, 13, 24, 41 et 87)

[72] X. WANG, G. I. KOLEILAT, J. TANG, H. LIU, I. J. KRAMER, R. DEBNATH, L. BRZOZOWSKI, D. A. R. BARKHOUSE, L. LEVINA, S. HOOGLAND et E. H. SARGENT, « Tandem colloidal quantum dot solar cells employing a graded recombination layer », *Nature Photonics*, vol. 5, p. 480–484, juin 2011. (cité en pages 2, 12, 41 et 87)

[73] S. M. WILLIS, C. CHENG, H. E. ASSENDER et A. a. R. WATT, « The Transitional Heterojunction Behavior of PbS/ZnO Colloidal Quantum Dot Solar Cells. », *Nano letters*, vol. 12, p. 1522–6, mars 2012. (cité en pages 41 et 87)

[74] A. de KERGOMMEAUX, J. FAURE-VINCENT, A. PRON, R. de BETTIGNIES et P. REISS, « SnS thin films realized from colloidal nanocrystal inks », *Thin Solid Films*, vol. null, déc. 2012. (cité en page 87)

[75] R. E. MISTLER, « Tape casting. The basic process for meeting the needs of the electronics indus-try », *American Ceramic Society Bulletin*, vol. 69, no. 6, p. 1022–1026, 1990. (cité en page 87)

[76] A. T. KERAMIK, « Review : aqueous tape casting of ceramic powders. », *Materials Science*, vol. 202, p. 206–217, 1995. (cité en page 87)

[77] M. KAELIN, D. RUDMANN et A. TIWARI, « Low cost processing of CIGS thin film solar cells », *Solar Energy*, vol. 77, p. 749–756, déc. 2004. (cité en page 88)

[78] M. KAELIN, D. RUDMANN, F. KURDESAU, H. ZOGG, T. MEYER et A. TIWARI, « Low-cost CIGS solar cells by paste coating and selenization », *Thin Solid Films*, vol. 480-481, p. 486–490, juin 2005. (cité en page 88)

[79] P. SCHILINSKY, C. WALDAUF et C. BRABEC, « Performance Analysis of Printed Bulk Hetero-junction Solar Cells », *Advanced Functional Materials*, vol. 16, p. 1669–1672, sept. 2006. (cité en page 88)

[80] T. RAUCH, M. BÖBERL, S. F. TEDDE, J. FÜRST, M. V. KOVALENKO, G. HESSER, U. LEMMER, W. HEISS et O. HAYDEN, « Near-infrared imaging with quantum-dot-sensitized organic photo-diodes », *Nature Photonics*, vol. 3, p. 332–336, mai 2009. (cité en page 88)

[81] M. I. BODNARCHUK, M. V. KOVALENKO, S. PICHLER, G. FRITZ-POPOVSKI, G. HESSER et W. HEISS, « Large-area ordered superlattices from magnetic Wustite/cobalt ferrite core/shell nanocrystals by doctor blade casting. », *ACS nano*, vol. 4, p. 423–31, jan. 2010. (cité en page 88)

[82] H. YANG et P. JIANG, « Large-scale colloidal self-assembly by doctor blade coating. », *Langmuir : the ACS journal of surfaces and colloids*, vol. 26, p. 13173–82, août 2010. (cité en page 88)

Chapitre 5

Mesures électriques

Sommaire

5.1 Principe des architectures utilisés dans le PV

5.1.1 Le rayonnement solaire

Le soleil est une source de lumière très intense qui peut être considérée comme un corps noir dont la température est de 6000 K. Le rayonnement perçu sur Terre est cependant atténué par quelques facteurs majeurs : la distance et l'angle du soleil par rapport à la Terre ainsi que la traversée de l'atmosphère. On appelle AM1.5 (pour *Air Mass*), le rayonnement arrivant sur Terre (annexe D) après les différentes atténuations subies. Le spectre exposé dans la Figure 5.1 est composé de données mesurées pendant plusieurs années et regroupées par le NREL (*National Renewable Energy Laboratory* [1]). Nous avons indiqué également les plages d'absorption de ce spectre solaire pour les différentes technologies existantes dans le PV. Sur cette Figure, on observe bien que la majorité des systèmes absorbe en dessous de 1100 nm. Les technologies plus récentes concentrent leurs efforts sur une absorption plus loin dans l'infrarouge, notamment avec l'utilisation de cellules à multi-jonctions.

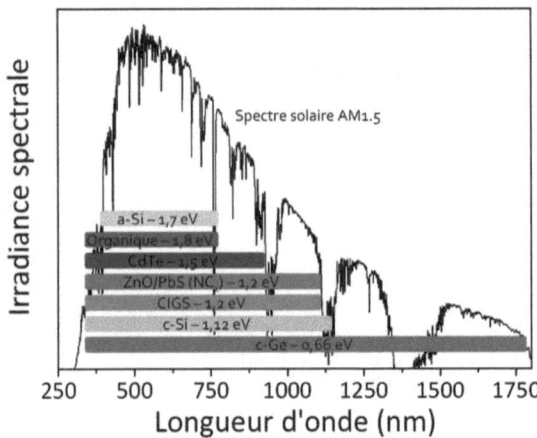

Fig. 5.1 – Spectre du soleil AM1.5 avec les différentes plages d'absorption pour les technologies PV existantes.

5.1.2 Contact ohmique

Lorsqu'on met en contact un métal et un semi-conducteur, deux types de contact peuvent avoir lieu : le contact ohmique, et le contact dit de Schottky. Il y a contact ohmique losque le courant est proportionnel à la tension appliquée et sa caractéristique est une droite. Alors, la résistance du contact est négligeable devant celle de tout le volume du semi-conducteur. Le travail de sortie, qui par définition est l'énergie pour amener un électron au vide, correspond dans un semi-conducteur à son niveau de Fermi. [2–5]

Suivant le dopage du semi-conducteur (p ou n), il faudra adapter la nature du métal en fonction de son travail de sortie pour se situer dans des conditions de contact ohmique. Pour les semi-conducteurs (SC) de type p, le niveau de Fermi étant proche de la bande de valence, un métal à grand travail de sortie sera préféré (généralement proche de 5 eV, cela peut être le cas pour l'ITO, l'or, ou l'oxyde de molybdène MoO_3). Après mise en contact des deux matériaux, les trous vont diffuser vers le semi-conducteur jusqu'à équilibre des niveaux de Fermi des deux matériaux. Ainsi, les niveaux électroniques du SC de type p vont baisser énergétiquement. Il y aura donc une courbure de bande à l'interface, mais la zone de courbure entre le métal et le SC est très courte du fait du bon transport des charges dans les matériaux.

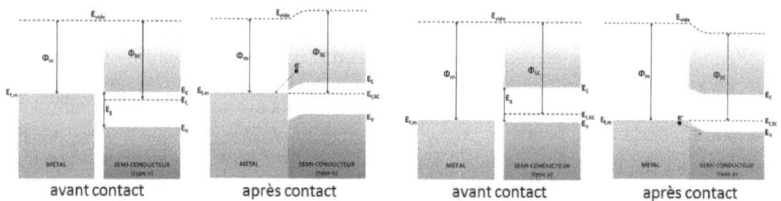

Fig. 5.2 – Schéma de la structure de bande d'un contact ohmique avec un semi-conducteur de type n (à gauche) et de type p (à droite).

Dans le cas d'un SC de type n, le niveau de Fermi est proche de la bande de conduction, il faut donc un métal de plus petit travail de sortie (3-4 eV, c'est le cas pour l'aluminium, le magnésium, le calcium...) qui soit inférieur à celui du SC. Après mise en contact, les électrons vont se déplacer du métal vers le SC jusqu'à équilibre des niveaux de Fermi, produisant ainsi une élévation des niveaux électroniques des bandes du SC.

5.1.3 Contact Schottky

A l'inverse du contact ohmique, le contact Schottky a lieu si la résistance entre le métal et le SC est importante. Ce cas arrive lorsque le travail de sortie du métal est supérieur (inférieur) à celui du SC de type n (de type p). Lorsqu'un SC de type n est mis en contact avec un métal de travail de sortie plus élevé que le sien, il y a diffusion des électrons du niveau de Fermi vers le métal jusqu'à équilibre des niveaux de Fermi. A ce moment, les bandes de conduction et de valence du SC de type n auront baissé énergétiquement et il y aura une barrière de potentiel à l'interface. Cette barrière ce caractérise sur une courbe I/V par un effet redresseur. Lors de cette baisse énergétique, comme le SC s'est appauvri en électrons, il est chargé positivement alors que le métal est chargé négativement. Il se créé alors à l'intérieur du semi-conducteur une zone de charge d'espace (W), caractérisée par la différence de densité électronique entre le métal et le SC et dont la largeur dépendra de cette différence. A ce moment, un champ électrique entre le métal et le SC apparaît, et se traduit par une barrière de potentiel opposée au mouvement des charges.

Dans le cas d'un SC de type p, l'effet inverse se produit, c'est-à-dire que ce sont les trous qui se déplacent du SC vers le métal.

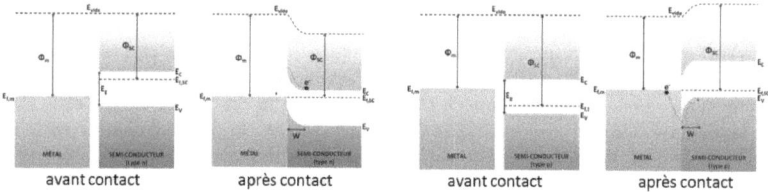

Fig. 5.3 – Schéma de la structure de bande d'un contact Schottky avec un semi-conducteur de type n (à gauche) et de type p (à droite). La barrière de potentiel pour que les électrons transitent à l'interface est représentée par une flèche discontinue.

5.1.4   Jonction pn

La mise en contact de deux semi-conducteurs de dopages différents (n et p) conduit à une jonction dite pn. Cette mise en contact a pour effet direct le déplacement de charges des zones de forte concentration vers les zones de faible concentration. Ces déplacements créés laissent des atomes ionisés fixes, qui génèrent un champ électrique interne. Ce champ électrique va augmenter jusqu'à atteindre une valeur qui va stopper le déplacement des charges du fait d'une barrière de potentiel trop élevée. Ce champ électrique opposé à la diffusion des charges correspond à un potentiel de diffusion qui est caractérisé par la courbure de bande de chaque côté de la jonction (à l'interface entre les deux SC). La zone où les atomes ont été ionisés par le départ des charges s'appelle la zone de déplétion (W) et sa largeur dépend de la concentration du dopage dans le SC, elle diminue lorsque la concentration en dopant augmente. Le potentiel électrique présent dans la zone de déplétion s'appelle le potentiel du champ électrique interne ou *built-in potential*, V_{BI} (Figure 5.4). D'autre part, lorsque les deux SC en contacts ont le même gap, on appelle cela une homojonction, et lorsque les deux gaps sont différents, c'est une hétérojonction.

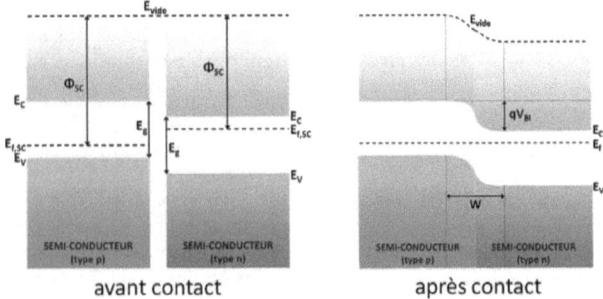

avant contact   après contact

Fig. 5.4 – Schéma de la structure de bande d'une jonction *pn* et la courbure de bandes après mise en contact.

5.1.5   Courants circulant dans une cellule solaire

Dans le noir, le courant électrique dans une cellule solaire suit le comportement d'une diode et peut être exprimé par la loi de Shockley décrite par l'équation 5.1. En fonction de la tension appliqué et si elle est supérieure (ou inférieure) à la tension seuil, la diode sera passante (ou bloquante).

$$J(V) \;=\; J_0 \left(exp\left(\frac{eV}{nkT} \right) - 1 \right) \tag{5.1}$$

Dans cette équation, J_0 est la valeur du courant à saturation de la diode, et n est le facteur d'idéalité de la diode. Dans le cas d'une diode parfaite, ce facteur est égale à 1. Le terme kT représente le facteur température (k étant la constante de Boltzmann), e est la charge élémentaire et V le potentiel de la diode. Si on éclaire cette diode, un courant photogénéré (J_{Ph}) ayant une direction contraire s'ajoute. Généralement, la diode n'est pas parfaite et présente des effets parasites représentés par des résistances, R_{Sh} la résistance de shunt (ou de court-circuit) et R_S la résistance série. On peut représenter ce courant total par l'équation suivante [6,7] :

$$J(V) \;=\; J_0 \left(exp\left(\frac{q(V - R_S J)}{nkT} \right) - 1 \right) + \frac{V - R_S J}{R_{Sh}} - J_{Ph} \tag{5.2}$$

En règle générale, pour décrire le fonctionnement d'une cellule solaire, on dessine le schéma électrique équivalent suivant :

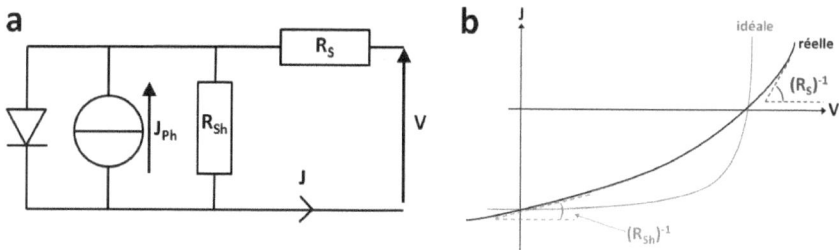

Fig. 5.5 – **a)** Schéma électrique équivalent d'une cellule solaire avec le courant photogénéré, les résistance de shunt et de séries ; **b)** Définition des résistances de shunt et de séries.

La **résistance série** R_S provient de trois facteurs : la résistivité du matériau, de celle des électrodes et du contact entre les électrodes et le matériau. Elle correspond à l'inverse de la pente de la caractéristique pour une tension supérieure à V_{OC}. On souhaite en général qu'elle ait une valeur la plus petite possible ($< 50 \ \Omega$). La valeur de la résistance de contact en $\Omega.cm^{-2}$ doit être basse également.

La **résistance de shunt** R_{Sh} provient de défauts de fabrication favorisant des courants de fuite dans la diode. Elle correspond à l'inverse de la pente de la caractéristique I/V au point où le potentiel est égal à 0 V. On veut généralement qu'elle prenne une valeur infiniement grande (typiquement quelques $M\Omega$). Ces résistances sont représentées dans la Figure 5.5b.

5.1.6 Caractérisation d'une cellule

La principale caractérisation d'une cellule consiste à mesurer la valeur du courant sous potentiel variable dans le noir et sous éclairement. Cette courbe, usuellement appelée I/V permet de mesurer le rendement de la cellule ainsi qu'un certain nombre d'autres paramètres caractéristiques de la structure électronique de la cellule.

Tout d'abord, le V_{OC}, tension de circuit-ouvert, correspond à la valeur du potentiel lorsque le courant circulant dans la cellule est nul. Ce potentiel donne généralement des informations sur la qualité de la jonction entre les deux SC. La valeur du V_{OC} dans les cellules c–Si de référence approche généralement les 0,6-0,7 V. Ensuite, le J_{SC}, courant de court-circuit représente le courant qui circule dans la cellule lorsque le potentiel est nul. La valeur de ce courant de court-circuit donne des informations sur les défauts présents dans la cellule et sur la valeur de la résistance de shunt. Finalement, le facteur de forme (FF) caractérise le point de fonctionnement maximal et donne le rapport de la puissance maximale divisée par le V_{OC} et le J_{SC}. Graphiquement, le FF représente l'équerrage de la courbe (Figure 5.6 et correspond au rapport de la petite surface rectangulaire (P_{max}) sur la grande ($J_{SC} \times V_{OC}$).

$$FF = \frac{P_{\mathrm{MAX}}}{V_{\mathrm{OC}} \times J_{\mathrm{SC}}} \quad = \quad \frac{V_{\mathrm{MAX}} \times J_{\mathrm{MAX}}}{V_{\mathrm{OC}} \times J_{\mathrm{SC}}} \quad\quad (5.3)$$

Le rendement de conversion photovoltaïque final de la cellule est une combinaison de ces trois résultats, et est exprimé par la formule suivante :

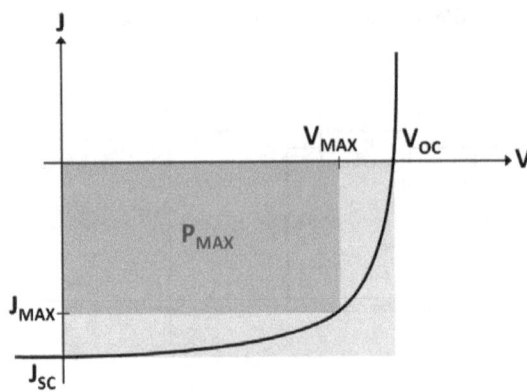

Fig. 5.6 – Courbe I/V caractéristique d'une cellule solaire mesurée sous éclairement.

$$\eta = \frac{J_{\text{SC}} \times V_{\text{OC}} \times \text{FF}}{P_{incident}} \qquad (5.4)$$

Il est important de noter ici que la mesure est effectuée sous éclairement afin d'établir son rendement de conversion de l'énergie reçue. On illumine généralement la cellule avec un simulateur solaire, source de lumière qui correspond à l'éclairement du soleil (AM1.5, détaillé dans l'annexe D). Le J_{SC} dépend directement de la puissance de l'éclairement. Généralement, on utilise un flux de 100 mW.cm^{-2}. Dans la formule 5.4, le $P_{incident}$ correspond à la puissance arrivant sur la cellule (on divise la valeur du flux arrivant par la taille de l'électrode).

5.2 Mesures des travaux de sortie de films de NCx

Comme nous l'avons vu dans la partie précédente, l'ingénierie de bandes des semi-conducteurs dans une jonction *pn* nécessite un certain nombre d'informations comme la valeur des niveaux électroniques des matériaux utilisés. Pour ce faire, deux choix s'offrent à nous au sein du laboratoire : l'électrochimie et la microscopie par sonde de Kelvin (SKPM). La première technique nous donne les niveaux HOMO et LUMO des NCx et la deuxième permet de déterminer le travail de sortie du matériau. Nous avons déjà caractérisé les NCx de CuInSe$_2$ par électrochimie et pour les NCx de SnS, nous n'avons pas pu les mesurer, ceux-ci étant inerte lors de l'électrochimie (peut-être à cause de l'oxyde de surface détectée lors de l'étude par spectroscopie Mössbauer décrite dans le chapitre 3). Nous avons donc réalisé la mesure de films de NCx à l'aide d'un SKPM sous conditions atmosphérique, récemment acquis au laboratoire par Frédéric CHANDEZON.

5.2.1 Sonde de Kelvin

En SKPM, l'AFM fonctionne en mode non-contact, la pointe conductrice oscille (à la première fréquence de résonance) au-dessus de la surface et la scanne latéralement. Les données topographiques sont mesurées en contrôlant la force atomique entre l'échantillon et la pointe. En plus du signal de force atomique, un signal électrostatique à grande échelle entre la pointe et l'échantillon s'exerce et est déterminé par le CPD (différence de potentiel de contact) mesuré entre eux. La force électrostatique est détectée en appliquant une tension alternative (V_{AC}) à la pointe et en utilisant un amplificateur synchrone. La fréquence de la tension est fixée soit à la seconde fréquence de résonance de la pointe, soit à très basse fréquence ($\sim$ 20 kHz) pour éviter toute perturbation avec le signal topographique. La force électrostatique est nulle lorsque le CPD est compensé par une tension continue, le CPD valant ainsi la valeur de la tension. [8–11] Avec cette valeur de CPD, on peut remonter au travail de sortie Φ du matériau par la formule suivante :

$$CPD \;=\; \Phi_{pointe} - \Phi_{echantillon} \tag{5.5}$$

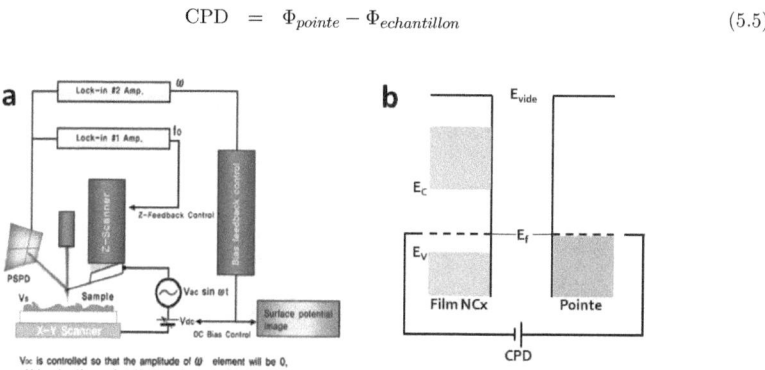

Fig. 5.7 – **a)** Schéma de principe de fonctionnement d'un système SKPM et **b)** Principe théorique de la mesure en fonction du niveau de Fermi lorsque la tension appliquée est nulle.

Le schéma de principe de fonctionnement du SKPM correspond à celui d'un AFM classique avec en plus le module de mesure du travail de sortie comme exposé dans la Figure 5.7a. Il comprend en plus un deuxième amplificateur synchrone et un système de boucle de rétro-action pour la tension continue appliquée. Dans la Figure 5.7b est représenté l'alignement des niveaux de Fermi du matériau analysé avec celui de la pointe métallique lors du quasi-contact entre la pointe et l'échantillon. A ce moment, la CPD correspond à la différence d'énergie effectuée par l'échantillon mesuré pour aligner son niveau de Fermi par rapport à celui de la pointe. Ensuite, on applique un potentiel qui va compenser la CPD jusqu'à ce que celle-ci soit nulle, on sera alors dans un système dit de bandes quasiment plates (*quasi flat-band*). Cette opération est répétée à chaque point de mesure.

En règle générale, on calibre la pointe de mesure sur un matériau dont le travail de sortie est connu (de l'or généralement) puis on passe les échantillons, et à la fin on mesure de nouveau le même échantillon d'or pour voir si la pointe a dérivé et si la mesure effectuée est stable.

5.2.2   Mesures de films de NCx utilisés pour la couche active

En utilisant un système SKPM fonctionnant à pression atmosphérique et avec l'aide précieuse de Mathieu FOUCAUD, stagiaire de Master 2, qui a réalisé les images, nous avons mesuré les travaux de sortie de couches minces de NCs après échange de ligands déposés sur un substrat d'ITO. La mesure d'une telle couche permet de connaître le travail de sortie global d'une couche telle qu'elle sera incorporée dans un dispositif photovoltaïque.

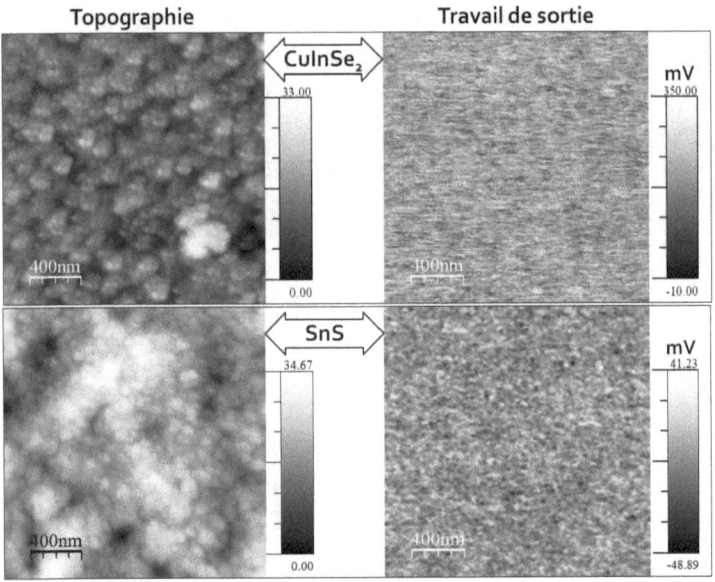

Fig. 5.8 – Mesure de la topographie (à gauche) et du travail de sortie par SKPM (à droite) pour un film de NCx de CuInSe$_2$ (en haut) et pour un film de NCx de SnS (en bas) avec une pointe PtIr$_5$.

L'image de topographie présentée en Figure 5.8 des NCx de CuInSe$_2$ montre que le film est composé d'îlots de NCx collés les uns aux autres. Ce phénomène peut avoir lieu après l'échange de ligands car dans ce cas l'oleylamine issue de la synthèse a été remplacée par de l'éthanedithiol, ligand plus petit qui permet aux NCx de se rapprocher. Ceci étant dit, la rugosité pic-à-pic donnée par l'échelle de hauteur est de 33 nm, ce qui reste faible pour un film d'environ 250 nm. La mesure de l'homogénéité du travail de sortie sur la couche donnée par l'image SKPM montre que celui-ci est stable sur toute la couche. On note également que la topographie n'intervient pas sur l'image SKPM, perturbation qu'il est possible d'envisager. La valeur issue de cette mesure donne un travail de sortie pour le CuInSe$_2$ de 4,7 eV. Cette valeur correspond au niveau de Fermi des NCx. Si on compare cette valeur avec les niveaux des NCx isolés mesurés par électrochimie, cela voudrait dire que les NCx sont de type P, ce qui est cohérent avec ce qui est dit dans la littérature pour ce type de matériaux chalcopyrites. Cependant, ces valeurs sont à prendre avec prudence car la mesure d'une valeur absolue avec ce système de SKPM demande une investigation plus profonde par comparaison avec une autre technique (la spectrométrie photoélectronique UV par exemple) afin de bien estimer la position du niveau de Fermi par rapport aux niveaux HOMO et LUMO.

La mesure du film de NCx de SnS donné dans la Figure 5.8 montre également des NCx proches les uns des autres. Ce film de NCx a également subi un échange de ligands (remplacement de l'acide oléique de la synthèse par du benzènedithiol). La rugosité pic-à-pic est du même ordre de grandeur que le film de CuInSe$_2$ (35 nm), en revanche la structure du film semble être plus homogène. Le travail de sortie mesuré par SKPM est très homogène et donne 4,9 eV comme valeur du niveau de Fermi de cette couche. La mesure par électrochimie de ces NCx n'ayant pas fonctionné, nous ne pouvons pas comparer avec les niveaux électroniques.

5.2.3 Mesures des matériaux utilisés aux interfaces

Afin de situer les travaux de sortie des matériaux d'électrodes comme l'ITO ou le PEDOT:PSS, nous avons également mesuré par SKPM les films déposés. Le travail de sortie de l'ITO est un paramètre connu car ce matériau est utilisé dans bon nombre de cellules solaires (organique, CIGS, CdTe,...) comme électrode transparente conductrice. Nous avons donc vérifié cette valeur. L'image topographique de l'ITO révèle une structure en forme de grains circulaires, caractéristique de ce matériau déposé par pulvérisation cathodique. La rugosité RMS de 6,9 nm est conforme à celle généralement mesurée. L'image SKPM (Figure 5.9) montre quelques légères variations de potentiel sur le film, mais donne une valeur moyenne de 5,3 eV en accord avec les résultats de la littérature.

Le film de PEDOT:PSS déposé par spin-coating présente une rugosité RMS très faible (1 nm), ce qui diminue par rapport à celle de l'ITO sur lequel le PEDOT:PSS a été déposé. Ce phénomène a déjà été observé, les polymères en général étant assez filmogènes et « remplissent » bien les trous du substrat. L'image SKPM est donc très uniforme (hormis quelque saut de pointe en haut de l'image) ce qui révèle un travail de sortie très homogène. La valeur moyenne de ce travail de sortie est 4,8 eV ce qui ici aussi est en accord avec la littérature.

Le film de NCx de CdS (environ 13 nm de diamètre), utilisé comme semi-conducteur de type n en combinaison avec les NCs de SnS, a également été déposé par spin-coating puis les ligands de synthèse ont été échangés par du benzènedithiol. La surface révélée par l'AFM montre une rugosité RMS très faible de 3,3 nm, preuve de la qualité du dépôt (il est relativement difficile d'obtenir des films non rugueux avec des NCx). La cartographie de travail de sortie décrite par l'image SKPM montre une bonne homogénéité avec une valeur moyenne de 4,3 eV.

Le SKPM nous a donc permis de déterminer les travaux de sortie des matériaux, tant pour les NCx que pour les couches d'interfaces. Cette technique utilisée à l'air sur les films après dépôt, permet de donner une bonne estimation des niveaux de Fermi. Cependant, comme spécifié précédemment, il s'agit de mesure en relatif par rapport au niveau de Fermi de l'or, la mesure des niveaux absolus (par rapport au vide) reste donc difficile. De plus, l'incertitude de la mesure (0,1 eV) ne permet pas l'estimation précise du niveau de Fermi.

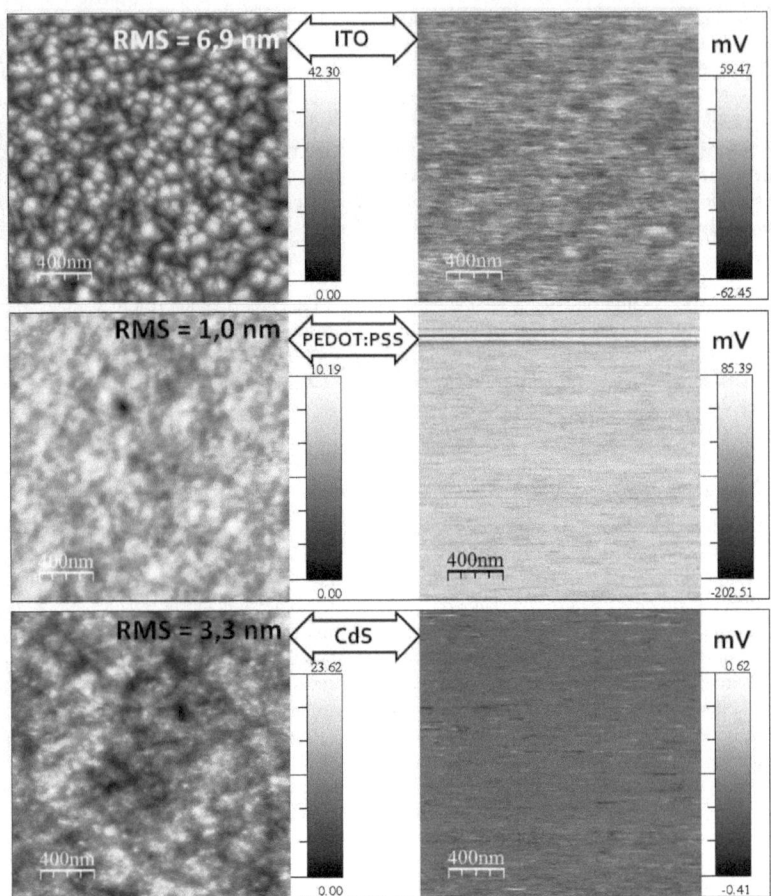

Fig. 5.9 – Mesure de la topographie (à gauche) et du travail de sortie par SKPM (à droite) pour un film d'ITO (en haut), pour un film de PEDOT:PSS (au milieu) et pour un film de NCx de CdS (en bas) avec une pointe PtIr$_5$.

5.3 Mesures des NCx en configuration cellules solaires

Les cellules solaires à base de NCx sont un sujet en plein essor, qui a débuté au milieu de l'année 2008 avec les papiers des groupes de NOZIK et de SARGENT. Ces travaux ont été le point de départ de cette thèse et les premières mesures ont été effectuées à la fin de 2009. Nous avons commencé les mesures avec des cellules de type Schottky, les premières hétérojonctions avec le CdS ont suivi, puis nous avons fini avec les hétérojonctions à base de PCBM et de ZnO.

5.3.1 Mesure des NCx de CuInSe$_2$ sous éclairement

Afin de tester nos NCx de CuInSe$_2$ en configuration de cellule solaire, nous avons opté premièrement pour une cellule de type Schottky. Nous avons adapté pour ces expériences les travaux de

LUTHER [12–16] qui dépose des NCx de PbSe par dip-coating en échangeant le ligand avec de l'EDT. Nous avons donc suivi ce protocole et remplacé les NCx de PbSe par du CuInSe$_2$ (gap direct de 1,16 eV). Le dépôt de ces films est traité dans le chapitre précédent. Comme le montre la Figure 5.10a, le choix de l'aluminium nous met dans des conditions de contact Schottky car le CuInSe$_2$ est de type P et le travail de sortie de l'aluminium sera supérieur au niveau de Fermi du CuInSe$_2$ (on estime les niveaux HOMO et LUMO par électrochimie, voir le chapitre 2). Pour l'autre contact (avec l'ITO), on se place dans les conditions de contact ohmique. Dans la littérature, les cellules à base de CISe sont généralement mesurées en jonction *pn* avec du CdS entre le molybdène comme électrode de contact et de l'autre côté un empilement ZnO/ITO. Nous n'avons pas pu effectuer ce genre de mesure car nous ne disposons pas des techniques de dépôt pour ces matériaux.

Sur l'image MEB de la Figure 5.10b, on observe les différentes couches de la structure réalisée. L'utilisation du détecteur ESB (*Energy Selective Backscattered*) nous permet de différencier les matériaux par différence de contraste. On observe donc que la couche de NCx est bien accrochée au substrat d'ITO et que le métal évaporé par dessus s'est bien déposé malgré la rugosité élevée (plusieurs dizaines de nanomètres).

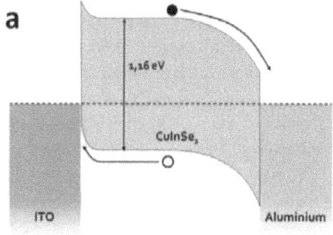 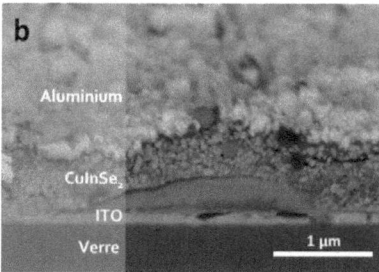

Fig. 5.10 – **a)** Schéma de bandes du dispositif réalisé pour mesurer les NCx de CuInSe$_2$. Le schéma représente la structure de bande à V=0 V ; **b)** Images MEB en coupe à 45° du dispositif (prise avec un détecteur ESB).

Sur ces films obtenus par dip-coating, nous avons évaporé une électrode d'aluminium sur laquelle nous avons évaporé une fine couche d'or (20 nm) afin d'améliorer le contact et éventuellement de protéger l'aluminium. Nous avons donc évaporé des électrodes de forme rectangulaire (de taille 50 × 50 µm^2 à travers une grille TEM), et contacté celles-ci à la pointe de mesure par le biais d'un fil d'or.

Comme le montre la Figure 5.11a, la courbe I/V dans le noir ne montre pas d'effet redresseur et la valeur de la densité de courant reste très petite (autour de 1 µA.cm^{-2}) pour une tension de 1 V. En revanche, lorsqu'on éclaire le dispositif, une augmentation franche de la densité de courant apparaît (15 µA.cm^{-2} pour une tension de 1 V). L'effet de la lumière sur le dispositif est reproductible et lorsque l'on bascule dans le noir après éclairement, la valeur de la densité de courant reprend sa valeur initiale. En revanche, la courbe est quasiment symétrique, preuve sans doute, soit d'une mauvaise jonction entre les NCx et le métal, soit d'un mauvais contact entre l'ITO et les NCx.

Afin d'adapter les niveaux électroniques à la cathode (entre l'ITO et les NCx) et aussi pour favoriser l'accroche des NCs sur l'ITO, nous avons déposé une couche de PEDOT:PSS, polymère conducteur de trous. Le but d'une telle opération est de favoriser le passage des trous à l'anode et inversement de favoriser le passage des électrons à la cathode. Nous avons donc réalisé l'empilement suivant : ITO/PEDOT:PSS/CuInSe$_2$/Al et effectué les mesures électriques, exposées en Figure 5.11b. On y observe toujours une augmentation de la densité de courant sous éclairement et une légère asymétrie de l'allure de la courbe, mais il n'y a toujours pas d'effet redresseur de la caractéristique. Nous expliquons ces mauvais résultats par plusieurs hypothèses :

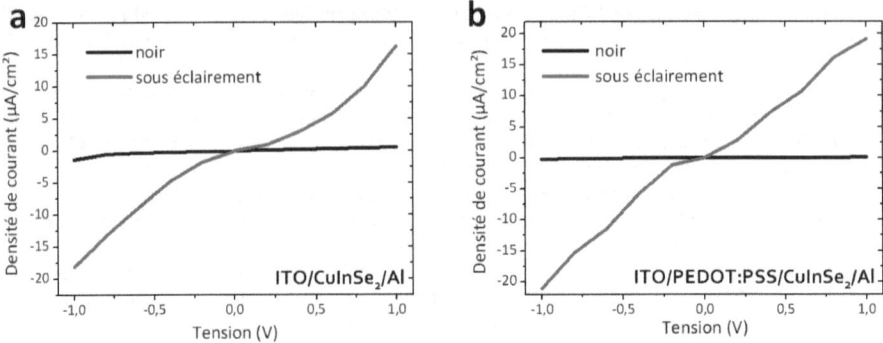

Fig. 5.11 – Mesure I/V dans le noir et sous éclairement **a)** d'un dispositif ITO/CuInSe$_2$/Al et **b)** d'un dispositif ITO/PEDOT:PSS/CuInSe$_2$/Al.

- le film de NCx a subi un échange de ligands, la qualité du film peut entraîner beaucoup de défauts dans le film et générer des résistances de séries trop élevées qui empêchent une caractéristique redresseur plus marquée.

- le choix des métaux d'interface n'est pas bon, on n'arrive donc pas à extraire les charges à potentiel nul (pas de potentiel électrique interne), ce qui expliquerait la valeur nulle du J$_{SC}$.

- La conductivité du film (NCx + ligands) n'est pas bonne et ne permet pas d'extraire les charges correctement. Ce problème a été soulevé dans le groupe de KORGEL qui a observé la même allure de courbe mais avec des courants plus élevés. [17]

D'autres structures ont été étudiées comme le dépôt d'électrode d'or à la place de l'aluminium, mais aucune des structures n'a donné de résultats positifs en terme de conversion solaire. On peut noter également que les NCs de CuInSe$_2$ utilisés dans ces dispositifs étaient relativement polydisperses en taille, ce qui génère beaucoup de rugosité (voir Figure 5.11b) et donc, potentiellement des court-circuits. De plus, nous avons ensuite stoppé l'utilisation du dip-coating comme technique de dépôt à cause des difficultés exposées dans le chapitre 4. L'apparition dans la littérature de nouvelles techniques a également favorisé ce changement.

5.3.2 Réalisation d'une hétérojonction pn avec SnS/CdS

Étant donné que nous avons synthétisé des NCx de CdS dans le chapitre 2, il nous est possible de les utiliser comme matériau N dans une structure de type hétérojonction PN où le CdS serait le matériau N comme dans les cellules CIGS. Comme choix de matériau P, nous avons le choix entre le CuInSe$_2$ et le SnS. Les premiers essais de dépôts par spin-coating avec les NCx de CuInSe$_2$ n'ont pas fonctionné, les NCx étant trop gros. En effet, il est très difficile d'obtenir une couche continue de NCx par spin-coating pour des tailles supérieures à 10 nm de diamètre : sous l'effet de la force centrifuge, les NCx sont éjectés vers les extérieurs de l'échantillon. Nous avons donc opté pour le dépôt de SnS, qui ne pose aucun problème lorsque l'on échange les ligands entre les dépôts.

La construction de la cellule peut être faite de deux manières différentes : soit on place le CdS côté ITO, soit côté métal. Dans le premier cas, on doit donc mettre de l'or comme électrode et faire la configuration suivante ITO/CdS/SnS/Au, sinon dans le deuxième cas, on doit évaporer de l'aluminium pour extraire les électrons et adopter la structure ITO/SnS/CdS/Al. On prendra également soin d'échanger les branchements (cathode/anode) lors de la mesure.

Comme le montre la Figure 5.12 où est exposée la structure de bande de la cellule dite inversée

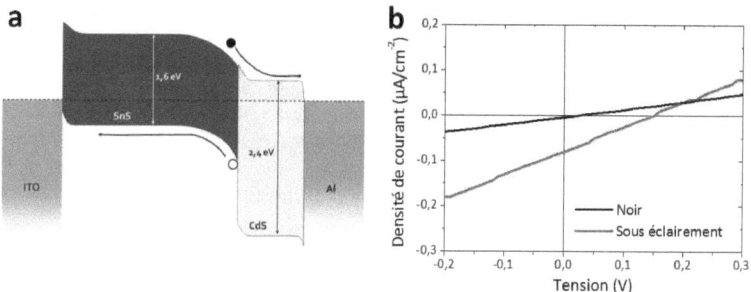

Fig. 5.12 – **a)** Schéma de bandes du dispositif réalisé ITO/SnS/CdS/Al à V = 0 V ; **b)** Mesure I/V du dispositif dans le noir et sous éclairement.

avec ITO/SnS/CdS/Al, nous observons un courant lorsque le potentiel est nul, preuve d'un effet photovoltaïque. Les paramètres que sont le V_{OC} et le J_{SC} restent extrêment faibles (respectivement 0,15 V et 0,8 µA.cm^{-2}). Même si l'effet est reproductible, la résistance de shunt est petite (9 MΩ) et la résistance série est très élevée (500 kΩ). Ces résultats peuvent être expliqués par différentes raisons comme la résistance élevée dans le matériau même ou l'interface entre le CdS et le SnS qui peut être de mauvaise qualité. Cela peut aussi venir des niveaux électroniques entre le SnS et le CdS qui ne sont peut-être pas adaptés comme cela a été publié sur les couches minces. [18]

5.3.3 Réalisation d'une hétérojonction *pn* avec SnS/PC$_{60}$BM

Dans les cellules organiques, on utilise généralement un dérivé soluble de fullerène, le PCBM, comme matériau n (accepteur) pour créer la jonction. En partenariat avec le NNL (*National Nano-technology Laboratory* à Lecce en Italie), nous avons donc réalisé une hétérojonction entre le SnS et le PC$_{60}$BM. Tout le procédé a été réalisé en boîte à gants, afin d'éviter l'oxydation des NCs comme expliqué dans le chapitre 3. Le film de NCs de SnS a été déposé par spin-coating et le ligand échangé par de l'acide acétique, car cela permet de faire une couche bien conductrice directement. [19] Le PC$_{60}$BM a ensuite été évaporé (une trentaine de nanomètres) et recouvert d'aluminium. En face arrière, une couche de PEDOT:PSS a également été déposée comme conducteur de trous.

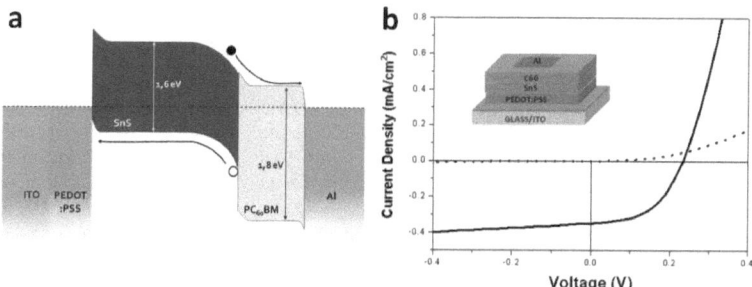

Fig. 5.13 – **a)** Schéma de bandes du dispositif réalisé ITO/SnS/PC$_{60}$BM/Al à V = 0 V **b)** Mesure I/V du dispositif dans le noir et sous éclairement. La surface de l'électrode est 0,4 cm^2.

La Figure 5.13a montre le diagramme de bandes du dispositif indiquant le gap du PC$_{60}$BM (1,8 eV) soit une valeur plus petite que celle du CdS. On voit aussi sur ce diagramme que le PEDOT:PSS collectera les trous lorsque le $PC_{60}BM$ collectera les électrons. La courbe I/V présentée en Figure 5.13b montre un bon comportement redresseur du dispositif dans le noir. La courbe sous illumination montre nettement un effet photovoltaïque et les caractéristiques de la courbe sous illumination (J_{SC} = 0,34 mA.cm^{-2}, V_{OC} = 0,23 V, FF = 0,5) montrent un dispositif convertissant la lumière. Le rendement, d'une valeur de η = 0,04 %, reste modeste mais encourageant.

5.3.4   Etude de la structure à hétérojonction déplétée

Les derniers résultats apparus dans la littérature (cellule à base de PbS ayant un rendement de 5,1 %) sont basés sur une hétérojonction entre des NCx de ZnO (matériau de type n) et le PbS (de type p), nous avons donc essayé de l'adapter à nos NCx de SnS. Cette cellule inversée, semble être la plus adaptée pour ce type de nano-matériau car elle a été confirmée par plusieurs groupes (avec des rendements plus faibles que ceux du groupe de SARGENT). Nous avons donc synthétisé des NCx de ZnO par la voie proposée (en fait celle de PACHOLSKY et coll. [20–23] qui consiste en la précipitation de l'hydroxyde de zinc $Zn(OH)_2$ qui n'est pas stable et se transforme directement en oxyde de zinc ZnO). Ce procédé éprouvé permet l'obtention de NCx de ZnO d'environ 7 nm de diamètre avec une distribution étroite en taille (les nanoparticules de ZnO commerciales font environ 30 nm). De plus, ce procédé est compatible avec une éventuelle production à bas coûts, car il est constitué également d'une solution colloïdale de NCx. Nous avons ensuite déposé des NCs de SnS en échangeant le ligand par du BDT, puis une électrode métallique a été évaporée.

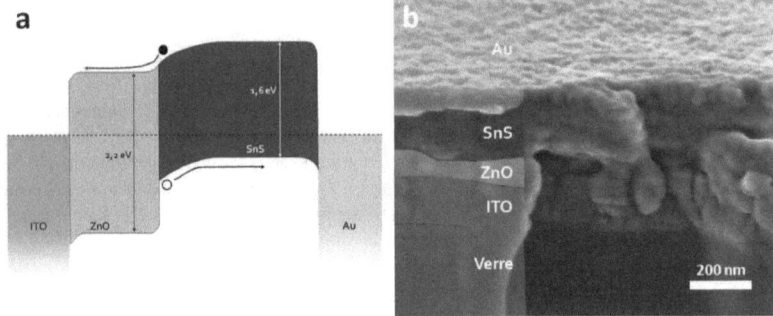

Fig. 5.14 – **a)** Schéma de bandes du dispositif ITO/ZnO/SnS/Au. Le schéma représente la structure de bande à V=0 V ; **b)** Images MEB en coupe à 45° du dispositif.

La Figure 5.14a représente le diagramme de bande de l'empilement réalisé pour cette cellule. On se met dans les conditions décrites dans la littérature, c'est-à-dire que l'extraction des électrons se fait par le ZnO (de type N) et les trous par le SnS (de type P). La Figure 5.14b montre une image MEB de l'empilement avec les différentes couches. On voit distinctement sur cette courbe les bons contacts formés entre le métal et les NCs de SnS ainsi que entre le SnS et le ZnO qui s'est bien accroché sur le ZnO. La couche de ZnO est d'environ 30 nm (vérifiée par MEB), et la couche de NCs de SnS est d'environ 250 nm.

La mesure électrique exposée en Figure 5.15a montre que le dispositif a bien un comportement redresseur de diode. En revanche, lorsqu'on place le dispositif sous éclairement (Figure 5.15b), nous n'observons pas de courant photogénéré (à V = 0 V). Il y a cependant bien un effet photosensible car la densité de courant sous éclairement augmente de 0,1 µA.cm^{-2} dans le noir à 0,6 µA.cm^{-2}. On observe également un changement brusque de pente autour de 0,45 V où l'allure de la courbe suit ensuite un comportement ohmique. Ceci peut être expliqué par un possible court-circuit dans la cellule

($R_{Sh} = 3$ MΩ sous éclairement alors que dans le noir $R_{Sh} = 47$ MΩ).

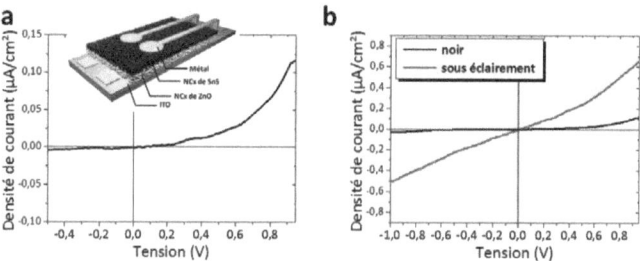

Fig. 5.15 – **a)** Mesure I/V de l'empilement ITO/ZnO/SnS/Au dans le noir ; **b)** Mesure du même dispositif sous éclairement.

La nanostructuration du dispositif et la faible épaisseur des couches (de l'ordre de la centaine de nanomètres) nécessitent une optimisation parfaite du dépôt car la moindre rugosité impacte directement les mesures électriques. On voit bien que malgré une optimisation du dépôt des couches (chapitre 4), nous ne mesurons toujours pas des caractéristiques I/V correctes. Cependant, nous avons vu dans le chapitre 3 que les NCs de SnS étaient sensibles à l'oxydation. Il est donc possible qu'une des raisons du non-fonctionnement des dispositifs à base de SnS soit l'oxydation.

5.3.5 Conclusion des mesures électriques

Nous avons étudié différentes configurations de cellules solaires et montré qu'il était possible d'obtenir des effets photovoltaïques avec les NCx synthétisés au laboratoire. Les résultats ont montré que la nature des NCx, leurs ligands de surface, ainsi que la technique de dépôt utilisée impactent directement les caractéristiques I/V des dispositifs réalisés. Les efforts nécessaires à la constitution de dispositifs ont montré qu'il fallait accorder une grande importance à la nature même des NCx, qui peuvent être sensibles à l'oxydation. D'autre part, il est important d'obtenir des films minces continus et d'épaisseur contrôlée, avant toute mesure électrique. Les étapes de rinçage, entre les dépôts, sont également importantes car elle permettent d'éviter la présence de lieux de piégeage. Ces étapes de nettoyage, ainsi que le choix du ligand, conditionnent la conductivité finale du film, paramètre influençant le J_{SC}.

Enfin, la mesure des niveaux électroniques est nécessaire pour la constitution de l'architecture du dispositif, afin d'obtenir un V_{OC} suffisamment élevé pour espérer convertir efficacement le rayonnement solaire.

Bibliographie

[1] NREL, « http ://rredc.nrel.gov/solar/spectra/am1.5/ ». (cité en page 98)

[2] N. ASCHCROFT et N. MERMIN, *Solid State Physics*. Harcourt College Publishers, 1975. (cité en page 98)

[3] C. KITTEL, *Introduction to Solid State Physics*. Sons, John Wiley &, 8th editio éd., 2005. (cité en page 98)

[4] J. PONPON, *Semiconducteurs, Bases physiques, composants et matériaux*. 2008. (cité en page 98)

[5] M. GRUNDMANN, *The Physics of Semiconductors 2nd ed.* 2010. (cité en page 98)

[6] S. BOWDEN et C. HONSBERG, « http ://www.pveducation.org/pvcdrom/ ». (cité en page 100)

[7] M. LABRUNE, *Silicon surface passivation and epitaxial growth on c-Si by low temperature plasma processes for high efficiency solar cells*. Thèse doctorat, 2011. (cité en page 100)

[8] M. AL-JASSIM, « Scanning Kelvin Probe Microscopy http ://www.nrel.gov/pv/measurements/scanning_kelvin.html ». (cité en page 103)

[9] L. NONY, A. FOSTER, F. BOCQUET et C. LOPPACHER, « Understanding the Atomic-Scale Contrast in Kelvin Probe Force Microscopy », *Physical Review Letters*, vol. 103, juil. 2009. (cité en page 103)

[10] S. SADEWASSER, P. JELINEK, C.-K. FANG, O. CUSTANCE, Y. YAMADA, Y. SUGIMOTO, M. ABE et S. MORITA, « New Insights on Atomic-Resolution Frequency-Modulation Kelvin-Probe Force-Microscopy Imaging of Semiconductors », *Physical Review Letters*, vol. 103, déc. 2009. (cité en page 103)

[11] E. SPADAFORA, *Investigations of model organic materials and photovoltaic devices using noncontact atomic force microscopy and Kelvin probe force microscopy*. Thèse doctorat, Université de Grenoble, 2011. (cité en page 103)

[12] J. M. LUTHER, M. LAW, M. C. BEARD, Q. SONG, M. O. REESE, R. J. ELLINGSON et A. J. NOZIK, « Schottky solar cells based on colloidal nanocrystal films. », *Nano letters*, vol. 8, p. 3488–92, oct. 2008. (cité en pages vii, 2, 11, 41, 84 et 107)

[13] J. M. LUTHER, M. LAW, Q. SONG, C. L. PERKINS, M. C. BEARD et A. J. NOZIK, « Structural, optical, and electrical properties of self-assembled films of PbSe nanocrystals treated with 1,2-ethanedithiol. », *ACS nano*, vol. 2, p. 271–80, fév. 2008. (cité en pages 41, 84 et 107)

[14] Y. WU, C. WADIA, W. MA, B. SADTLER et A. P. ALIVISATOS, « Synthesis and photovoltaic application of copper(I) sulfide nanocrystals. », *Nano letters*, vol. 8, p. 2551–5, août 2008. (cité en pages 47 et 107)

[15] Q. GUO, S. KIM, M. KAR et W. SHAFARMAN, « Development of CuInSe$_2$ nanocrystal and nanoring inks for low-cost solar cells », *Nano letters*, vol. 8, no. 9, p. 2982–2987, 2008. (cité en pages 84 et 107)

[16] M. LAW, J. M. LUTHER, Q. SONG, B. K. HUGHES, C. L. PERKINS et A. J. NOZIK, « Structural, optical, and electrical properties of PbSe nanocrystal solids treated thermally or with simple amines. », *Journal of the American Chemical Society*, vol. 130, p. 5974–85, mai 2008. (cité en page 107)

[17] M. G. PANTHANI, V. AKHAVAN, B. GOODFELLOW, J. P. SCHMIDTKE, L. DUNN, A. DODABALAPUR, P. F. BARBARA et B. A. KORGEL, « Synthesis of CuInS$_2$, CuInSe$_2$, and Cu(In$_x$Ga$_{1-x}$)Se$_2$ (CIGS) nanocrystal "inks" for printable photovoltaics. », *Journal of the American Chemical Society*, vol. 130, p. 16770–7, déc. 2008. (cité en pages 34, 35, 84, 108 et 120)

[18] M. ABDEL HALEEM et M. ICHIMURA, « Experimental determination of band offsets at the SnS/CdS and SnS/InS$_x$O$_y$ heterojunctions », *Journal of Applied Physics*, vol. 107, no. 3, p. 034507, 2010. (cité en page 109)

[19] R. MASTRIA, A. RIZZO, C. NOBILE, S. KUMAR, G. MARUCCIO et G. GIGLI, « Improved photovoltaic performances by post-deposition acidic treatments on tetrapod shaped colloidal nanocrystal
solids. », *Nanotechnology*, vol. 23, p. 305403, août 2012. (cité en page 109)

[20] M. HAASE, H. WELLER et A. HENGLEIN, « Photochemistry and radiation chemistry of colloidal
semiconductors. 23. Electron storage on zinc oxide particles and size quantization », *The Journal
of Physical Chemistry*, vol. 92, p. 482–487, jan. 1988. (cité en page 110)

[21] C. PACHOLSKI, A. KORNOWSKI et H. WELLER, « Self-assembly of ZnO : from nanodots to nanorods. », *Angewandte Chemie International Edition in English*, vol. 41, p. 1188–91, avril 2002.
(cité en page 110)

[22] W. BEEK, M. WIENK et R. JANSSEN, « Efficient Hybrid Solar Cells from Zinc Oxide Nanoparticles
and a Conjugated Polymer », *Advanced Materials*, vol. 16, p. 1009–1013, juin 2004. (cité en
page 110)

[23] S. K. HAU, H.-L. YIP, N. S. BAEK, J. ZOU, K. O'MALLEY et A. K.-Y. JEN, « Air-stable inverted
flexible polymer solar cells using zinc oxide nanoparticles as an electron selective layer », *Applied
Physics Letters*, vol. 92, p. 253301, juin 2008. (cité en page 110)

Conclusions et perspectives

Cette thèse avait pour objectif l'investigation de nouveaux matériaux sous forme de NCx pour les cellules solaires de troisième génération. Si la synthèse colloïdale est à ce jour bien contrôlée, le dépôt de films minces et la réalisation de dispositifs constituent encore un défi à part entière.

De nombreuses synthèses ont été développées durant cette thèse, une première partie centrée sur le séléniure de cuivre et d'indium, et la seconde sur les sulfures d'étain et de cuivre. Le $CuInSe_2$, matériau ternaire, est très difficile à synthétiser de façon monodisperse. Le travail effectué, élaboré par l'étude de plusieurs protocoles, a permis l'obtention d'une gamme de NCx de $CuInSe_2$ de taille et de forme contrôlées. Le protocole abouti consiste à préparer des précurseurs métalliques par extraction des ions depuis des sels en phase aqueuse, puis l'injection du précurseur de sélénium par le complexe TOP-Se. Ces résultats sont cependant pondérés par l'impossibilité d'obtenir des NCx de taille inférieure à 7 nm, condition nécessaire pour l'observation de photoluminescence. Malgré cette limite, la reproductibilité ainsi que le passage réussi de la synthèse à grande échelle, montrent la qualité du protocole réalisé.

La synthèse de sulfures de métaux offre de grandes perspectives tant il est possible de l'adapter à de nombreux métaux. Le sulfure d'étain SnS a été synthétisé avec succès avec un contrôle précis de la forme et de la taille des NCx allant de 4 à 25 nm avec une dispersion en taille étroite. Les solutions colloïdales obtenues font preuve d'une excellente stabilité. La multitude de précurseurs disponibles pour ce matériau a permis l'ajustement des conditions de synthèse. D'autre part, une passivation de surface à l'aide du complexe de phosphonate de cadmium a été réalisée, permettant l'obtention d'un signal de photoluminescence encore jamais observé sur ce matériau. La reproductibilité et la simplicité des protocoles développés constituent un outil fiable pour une utilisation de ces NCx.

La synthèse du sulfure de cuivre a beaucoup plus été étudiée dans la littérature, mais nous avons adapté avec succès le protocole de la synthèse du SnS au Cu_2S. Ce protocole permet de travailler à plus basse température (100 °C contre 220 °C dans la littérature) tout en gardant le contrôle de la taille. Ces NCx de Cu_2S montrent également une très bonne stabilité dans le temps. L'étroitesse de la dispersion en taille de ces NCx de Cu_2S a permis l'observation d'auto-organisation en trois dimensions de ces NCx.

L'étude par spectroscopie Mössbauer de l'oxydation des NCx de SnS, présentée dans le chapitre 3, a permis de mettre en évidence les limites de ce matériau. En effet, si quelques articles traitent de la synthèse des NCx de SnS, il n'y a pas, à ce jour, d'exemples d'utilisation des NCx de SnS dans des dispositifs électroniques. Nous avons montré que ces NCx de SnS, quel que soit le protocole utilisé, sont sensibles à l'air et forment une coquille d'oxyde empêchant le transport électronique. Nous avons également montré que le phénomène est identique pour les autres chalcogénures d'étain (SnSe et SnTe) avec une accentuation pour le tellurure d'étain.

Dans le chapitre 4, deux paramètres fondamentaux des NCx ont été traités : les ligands de surface (stabilité, conductivité) et le dépôt de NCx. Tout d'abord, nous avons réalisé la synthèse d'un ligand inorganique dans l'hydrazine. Cette étape a nécessité la préparation de l'hydrazine anhydre, composé dont nous avons développé l'extraction au laboratoire. À l'aide de cette hydrazine anhydre, nous avons pu réaliser, par transfert de phase, des solutions de NCx de CuInSe$_2$ et de SnS entourés de ligands inorganiques (Sn$_2$S$_6^{4-}$). Ces solutions stables dans des solvants polaires comme l'eau ou le diméthyl-sulfoxide présentent après dépôt une densité de courant supérieure de quatre ordres de grandeur par rapport à celle des NCx entourés de ligands de synthèse (ici oleylamine). Cela représente une avancée majeure dans l'obtention de films minces avec des conductivités importantes.

La deuxième partie de ce chapitre résume les différentes techniques d'obtention de films minces de NCx. Nous avons réalisé des films d'épaisseurs contrôlées et de faible rugosité. La difficulté de ces dépôts réside dans la préparation de l'échantillon lui même. A l'inverse des polymères, les solutions de NCx sont très difficiles à déposer, nous avons observé par exemple que pour un diamètre supérieur à 10 nm, il est difficile de déposer les NCx par spin-coating, méthode bien appropriée pour obtenir des couches non-rugueuses. L'échange de ligands, si important pour la conductivité finale des films minces, constitue un frein au dépôt car plus les ligands sont courts, plus les solutions précipitent. Nous avons donc mis au point une technique aboutie de couche-par-couche utilisant le spin-coating et le dip-coating. Cette méthode consiste à déposer par spin-coating les NCx, formant ainsi une couche continue et non-rugueuse, puis nous avons échangé le ligand par trempage dans une solution du ligand plus conducteur. En augmentant le nombre de cycles, il est possible de contrôler l'épaisseur de la couche mince et ainsi de se placer dans les meilleures conditions pour la réalisation de dispositifs.

Enfin, le dernier chapitre montre des mesures électriques dans différentes configurations. Il est à noter que l'évolution permanente de l'état de l'art sur le sujet pendant la période de la thèse a guidé le choix des structures mesurées. Premièrement, ce chapitre a montré combien il était difficile de réaliser un dispositif fonctionnel, tant par le nombre de paramètres liés aux solutions de NCx, qu'à ceux liés aux matériaux d'interfaces et d'électrodes. Deuxièmement, nous avons constaté que le choix de la structure du dispositif (choix des électrodes, épaisseur...) était déterminant sur le résultat final. Troisièmement, l'observation de phénomènes d'oxydation des matériaux (SnS notamment) a joué un rôle majeur dans ces dispositifs, les techniques de dépôts mises à notre disposition étant toutes exposées à l'air.

Cependant, après de longues optimisations, nous avons montré que les couches de NCx présentaient quasiment toutes une augmentation de la densité de courant sous éclairement et que certains dispositifs montrent des effets photovoltaïques, mais avec des rendements de conversion faibles. La collaboration démarrée en fin de 2011 avec le NNL Lecce, en Italie a permis de tester les NCx sous atmosphère inerte en configuration de cellules solaires. Ces résultats encourageants ont montré que les NCx de SnS, lorsqu'ils n'ont pas été exposés à l'air, sont utilisables comme couche active, objectif important dans le développement de ces cellules solaires à base de NCx.

De ce bilan, les perspectives d'amélioration apparaissent alors clairement :
- La constitution d'un dispositif de référence à base de NCx de PbS est nécessaire pour la compréhension et l'étalonnage du procédé de fabrication dans notre laboratoire. En effet, l'état de l'art actuel permet de reproduire des cellules fonctionnant au PbS afin de maîtriser toutes les étapes permettant la constitution d'une cellule solaire à base de NCx (contrôle de la couche active et des interfaces)
- Les NCx sensibles à l'oxydation devront soit ne jamais voir l'air, soit être protégés par une coquille ou par l'intermédiaire de ligands de surface efficaces contre l'oxydation.
- Une mesure précise des niveaux électroniques des couches minces composées des NCx et de leurs ligands devra être effectuée pour adapter au mieux, leur taille, le couple matériaux p et n et le choix des électrodes.

Annexe A

Protocoles des synthèses

Sommaire

A.1 Montage expérimental

Les synthèses ont été réalisées à l'aide du montage expérimental exposé en Figure A.1. [1]Le montage est connecté à une rampe à vide de type Schlenk fonctionnant sous argon. Pour les synthèses à haute température (> 200 °C), nous avons remplacé le bain d'huile par un bain de sels fondus. Il est important que le montage soit hermétique à l'air et que le vide lors du pompage soit bon (de l'ordre de 5.10^{-2} mbar) pour éviter toute présence d'oxygène. Il est aussi important que l'agitation lors de l'injection soit rapide et que l'injection elle-même soit rapide (< 1 seconde).

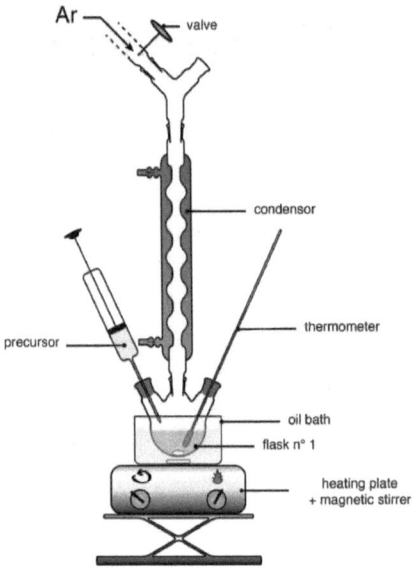

Fig. A.1 – Schéma du montage expérimental utilisé pour les synthèses.

A.2 Formules chimiques des ligands utilisés

A.2.1 Ligands utilisés pour la synthèse

Dans la Figure A.2 sont décrits les ligands ayant servi pendant les synthèses de nanocristaux. Tous ces ligands sont liquides à température ambiante (à part le TOPO qui est solide) et ont été purifiés afin d'isoler la présence d'eau et d'air dedans. L'octadécène n'est pas un ligand dans la mesure où il est non coordinant.

---

1. Le schéma de la figure a été réalisé par Axel MAURICE

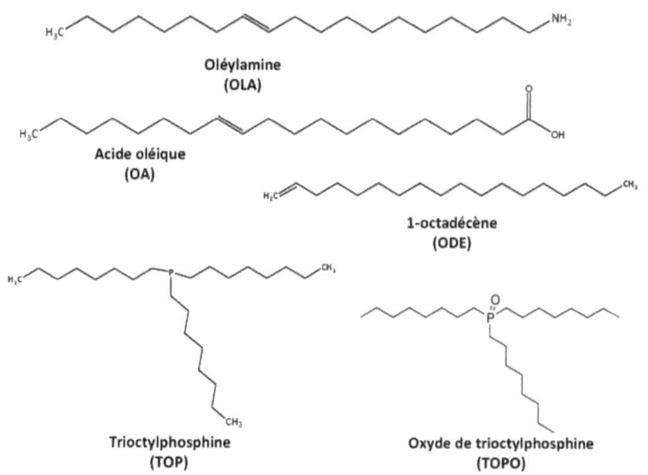

Fig. A.2 – Liste des ligands utilisés lors des différentes synthèses

Ligand	Masse molaire (en $g.mol^{-1}$)	Fournisseur	Pureté
oléylamine	267,5	Fluka	70 %
1-octadécène	252,5	Sigma-Aldrich	90 %
Acide oléique	282,5	Acros Organics	70 %
trioctylphosphine	370,6	Fluka	90 %
oxyde de trioctylphosphine	386,6	Fluka	98,5 %
1,4-benzènedithiol	142,2	Alfa-aesar	97 %
1,2-benzènedithiol	142,2	Sigma-Aldrich	96 %
1,3-benzènedithiol	142,2	Sigma-Aldrich	99 %
1,2-éthanedithiol	94,2	Sigma-Aldrich	> 98,0 %
acide 2-mercaptopropionique	106,1	Sigma-Aldrich	> 95 %
metal chalcogenide complex	429,8	-	-

Tab. A.1 – Tableau résumant les propriétés des ligands utilisés dans les expériences.

A.2.2   Ligands utilisés pour l'échange de ligands

Les ligands ayant servis durant des échanges de ligands (pour la réalisation de films par exemple) sont exposés ci-dessous.

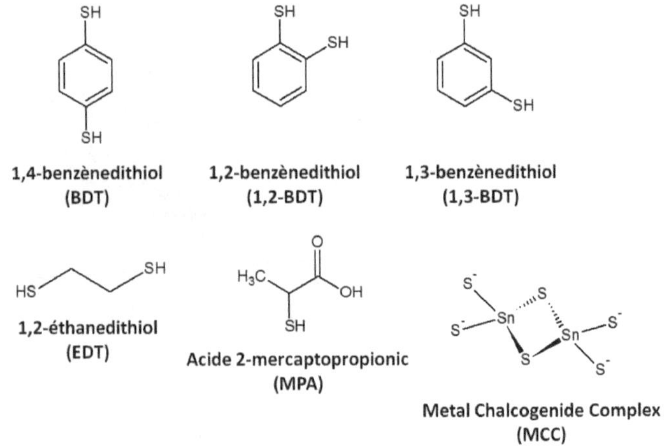

Fig. A.3 – Liste des ligands utilisés durant les échanges de ligands

A.3 Synthèse de nanocristaux de CuInSe$_2$

A.3.1 Synthèse par « heating up »

$$CuCl + InCl_3 + Se \xrightarrow{\text{OLA}} CuInSe_2 \text{ (NCx)} + \text{sous-produits} \qquad (A.1)$$

	CuCl	InCl$_3$	Se	CuInSe$_2$
Pureté (%)	> 99,995	99.999	99,54	-
Fournisseur	Sigma-Aldrich			-
Masse molaire (g.mol^{-1})	101	221	79	338
Nombre de moles (mmol)	1	1	2	1
Masse (mg)	101	221	158	338

Tab. A.2 – Tableau résumant les quantités de précurseurs utilisées pendant la synthèse de CuInSe$_2$ par « heating-up ».

Ce protocole est adapté des travaux de PANTHANI et coll. [1] Dans une boîte à gants sous argon sont introduits 1 mmol de CuCl (0,101 g), 1 mmol de InCl$_3$ (0,221 g), 2 mmol de Se élémentaire (158 mg) et 10 mL de OLA. Le ballon est chauffé à 110 °C et mis sous vide primaire pendant 1h avec une rampe à vide sous argon de type Schlenk. Le mélange réactionnel est ensuite chauffé à 240 °C pendant 4h (ou moins selon la taille des NCx désirée). La température est descendue à 100 °C et 10 mL de chloroforme et 5 mL d'éthanol sont ajoutés dans le mélange réactionnel pour quencher la réaction. La solution contenant les NCx et le mélange de solvant est ensuite transférée dans un tube de type Falcon et centrifugée à 7000 tpm pendant 3 minutes. Le surnageant est ensuite jeté tandis que la poudre résiduelle située au fond du tube est redispersée dans 10 mL de chloroforme. 10 mL d'éthanol sont ensuite ajoutés pour procéder à une deuxième purification, et la solution est remise à centrifuger pendant 3 minutes à 7000 tpm. Le surnageant est jeté et 10 mL de chloroforme sont ajoutés. La solution est mise à centrifuger pendant 3 minutes à 3000 tpm pour séparer les NCx non stables. Les NCx obtenus avec ce protocole ont une taille variant de 10 à 20 nm.

A.3.2 Synthèse avec le sélénure d'urée

$$CuCl + InCl_3 + OLA \xrightarrow{\text{Selenure d'urée + OLA}} CuInSe_2 \text{ (NCx)} + \text{sous-produits} \qquad (A.2)$$

Le protocole pour cette synthèse a été adapté des travaux de KOO et coll. [2] Dans un ballon tricol de 50 mL sont ajoutés, à l'intérieur d'une boîte à gants, 0,5 mmol de CuCl (0,050 g), 0,5 mmol de InCl$_3$ (0,110 g) et 10 mL de OLA. Le ballon est chauffé à 110 °C et mis sous vide primaire pendant 1h avec une rampe à vide sous argon de type Schlenk. La température est ensuite augmentée à 150-170 °C, jusqu'à ce que le mélange verdâtre change de couleur et devienne complètement transparent jaune. La couleur verte a pour origine l'oxydation des atomes de Cu$^+$ en Cu^{2+}. L'élevation de la température permet à l'OLA de réduire les ions Cu^{2+} en Cu$^+$. La température est ensuite réduite à 130 °C. Une solution de sélénure d'urée (0,1 mmol; 0,123 g) dissout dans 1 mL d'OLA est rapidement injectée et la température du milieu réactionnel est directement montée à 240 °C. Après 1h de réaction, la solution est refroidie et lorsque la température approche les 100 °C, 30 mL d'éthanol sont injectés dans le ballon pour quencher la réaction. Les NCx sont purifiés deux fois en centrifugeant à 7000 tpm pendant 3 minutes puis, après redissolution, sont centrifugés de nouveau (3000 tpm, 3 min) pour isoler les NCx non stables. Les NCx obtenus avec ce protocole ont une taille variant de 12 à 28 nm.

	CuCl	InCl$_3$	Selenourea	CuInSe$_2$
Pureté (%)	> 99,995	99.999	98+	-
Fournisseur	Sigma-Aldrich			-
Masse molaire (g.mol^{-1})	101	221	123	338
Nombre de moles (mmol)	0,5	0,5	1	0,5
Masse (mg)	50	110	123	169

Tab. A.3 – Tableau résumant les quantités de précurseurs utilisées pendant la synthèse de CuInSe$_2$ par « hot injection » avec le séléniure d'urée.

A.3.3 Synthèse avec le TOP-Se

$$CuSO_4 \cdot 5H_2O + OLA + EtOH \xrightarrow{\text{Agitation}} Cu \cdot OLA + \text{sous-produits} \qquad (A.3)$$

$$InCl_3 + OLA + EtOH \xrightarrow{\text{Agitation}} In \cdot OLA + \text{sous-produits} \qquad (A.4)$$

$$Cu \cdot OLA + In \cdot OLA + OLA \xrightarrow{\text{TOP-Se}} CuInSe_2 \text{ (NCx)} + \text{sous-produits} \qquad (A.5)$$

Tout d'abord, le précurseur de cuivre doit être extrait par transfert de phase du sel d'origine. Pour ce faire, nous avons adapté avec quelques modifications le protocole de YANG et coll. [3] Il consiste à mélanger 5 mL d'une solution aqueuse de CuSO$_4$ · 5H$_2$0 de concentration 0,5 M, ainsi que 1 mL d'OLA dans 10 mL d'éthanol. Le mélange est agité bien vigoureusement et ensuite 5 mL de toluène sont ajoutés. Le mélange est de nouveau agité, ce qui provoque le transfert de phase de la solution aqueuse vers la solution organique contenant le toluène, comme en témoigne la disparition de la couleur bleue de la solution aqueuse. La solution est agitée encore une dizaine de minutes pour être sûr que le transfert soit le plus total possible. La phase organique est retirée à l'aide d'une seringue, puis transférée dans un ballon ou elle est pompée et séchée pendant plusieurs heures et mise en boîte à gants pour l'étape de synthèse. Le même protocole est réalisé pour les ions d'indium, à savoir 0,5 mmol de InCl$_3$ sont mélangés sous agitation avec 1 mL d'OLA et 10 mL d'éthanol.

Pour la synthèse des NCx de CuInSe$_2$, 0,5 mmol de cuivre et 0,5 mmol d'indium provenant du transfert de phase sont ajoutés dans 10 mL d'OLA (une partie du volume d'OLA peut être remplacée par de l'ODE ou de l'OA comme indiqué dans le tableau suivant). Le mélange est pompé sous vide primaire pendant 1h à 65 °C puis la température est montée à 130 °C pendant 15 minutes après avoir mis le montage sous argon. Ensuite, la température est laissée redescendre à 110 °C pendant 15 minutes. Une injection rapide de 1 mL de TOP-Se est réalisée (pour le ratio 1 :1 :2) puis la température est rapidement montée à 240 °C. Après 1h de réaction, la solution est refroidie et lorsque la température approche les 100 °C, 30 mL d'éthanol sont injectés dans le ballon pour quencher la réaction. Les NCx sont purifiés deux fois en centrifugeant à 7000 tpm pendant 3 minutes puis, après redissolution, sont centrifugés de nouveau (3000 tpm, 3 min) pour isoler les NCx non stables.

Les volumes de solvants/surfactants ainsi que les proportions de sélénium ajoutés sont résumés dans le tableau suivant :

	Rapport Cu:In:Se	Quantité de OLA, OA, ODE	Temp. d'injec-tion	Temp. de synthèse	Temps de synthèse
NCx triangulaire	1:1:4	10 mL OLA	110 °C	240 °C	1h
NCx sphériques gros (15 nm)	1:1:8	5 mL OLA + 5 mL ODE	110 °C	240 °C	1h
NCx sphériques petits (10 nm)	1:1:8	6 mL OLA + 4 mL OA	110 °C	240 °C	1h

Tab. A.4 – Quantité de précurseurs, de surfactants, ainsi que les températures et temps de réaction pour les différentes synthèses utilisant le TOP-Se.

A.4   Synthèse de nanocristaux de SnS

A.4.1   Protocole A

$$SnCl_2 + ODE + OA + TOP \xrightarrow{\text{thioacétamide + OLA + TOP}} SnS\ (NCx) + \text{sous-produits} \qquad (A.6)$$

Dans un ballon tricol de 50 mL sont ajoutés, à l'intérieur d'une boîte à gants, 1 mmol de $SnCl_2$ (0,380 g), 5 mL d'ODE, 4,5 mL d'OA et 3 mL de TOP. Le ballon est chauffé à 100 °C et mis sous vide primaire pendant 1h avec une rampe à vide sous argon de type Schlenk. La température est ensuite ajustée de 80 à 180 °C, selon la taille de NCx désirée, jusqu'à ce que la poudre blanche du chlorure d'étain devienne complètement transparente jaune. Une solution de thioacétamide (1 mmol ; 0,075 g) dissout dans 5 mL d'OLA et 3 mL de TOP est ensuite rapidement injectée, provoquant un change-ment de couleur du jaune vers le noir, révélateur de la nucléation des particules. Après 5 minutes de réaction, la solution est refroidie avec un bain de glace et lorsque la température approche les 40 °C, 30 mL d'éthanol sont injectés dans le ballon pour quencher la réaction. Les NCx sont purifiés deux fois en centrifugeant à 7000 tpm pendant 3 minutes puis, après redissolution, sont centrifugés de nouveau (3000 tpm, 3 min) pour isoler les NCx non stables. La solution est stockée dans 10 mL de chloro-forme dans un flacon et les NCx sont stables plusieurs mois après mise à l'air sans oxydation visible apparente. Pour une température de 100 °C et pour un temps de 5 minutes, les NCx font environ 7 nm.

	SnCl$_2$	thioacétamide	SnS
Pureté (%)	> 99,995	> 99,0+	-
Fournisseur	Sigma-Aldrich		-
Masse molaire (g.mol^{-1})	190	75	150
Nombre de moles (mmol)	2	1	1
Masse (mg)	380	75	150

Tab. A.5 – Tableau résumant les quantités de précurseurs utilisées pendant la synthèse de NCx de SnS par « hot injection » pour le protocole A.

A.4.2 Protocole B

$$[\text{bis(bis(TMS)N)Sn]} + \text{ODE} + \text{OA} + \text{TOP} \xrightarrow[\text{OLA + TOP}]{\text{thioacétamide}} \text{SnS (NCx)} + \text{sous-produits} \quad (A.7)$$

	[bis(bis(TMS)N)Sn]	thioacétamide	SnS
Pureté (%)	> 99,998	> 99,0+	-
Fournisseur	Sigma-Aldrich		-
Masse molaire (g.mol^{-1})	439,5	75	150
Nombre de moles (mmol)	2	1	1
Masse (mg)	880 (0,78 mL)	75	150

Tab. A.6 – Tableau résumant les quantités de précurseurs utilisées pendant la synthèse de NCx de SnS par « hot injection » pour le protocole B.

Ce protocole est celui publié par HICKEY et coll. [4] que nous avons reproduit. Dans un ballon tricol de 50 mL sont ajoutés, à l'intérieur d'une boîte à gants, 1 mmol de [bis(bis(TMS)N)Sn] (0,78 mL),5 mL d'ODE, 4,5 mL d'OA et 3 mL de TOP. Le ballon est chauffé à 100 °C et mis sous vide primaire pendant 1h avec une rampe à vide sous argon de type Schlenk. La température est ensuite ajustée de 80 à 180 °C selon la taille de NCx désirée. Une solution de thioacétamide (1 mmol ; 0,075 g) dissout dans 5 mL d'OLA et 3 mL de TOP est ensuite rapidement injectée, provoquant un changement de couleur du jaune vers le noir, révélateur de la nucléation des particules. Après 5 minutes de réaction, la solution est refroidie avec un bain de glace et lorsque la température approche les 40 °C, 30 mL d'éthanol sont injectés dans le ballon pour quencher la réaction. Les NCx sont purifiés deux fois en centrifugeant à 7000 tpm pendant 3 minutes puis, après redissolution, sont centrifugés de nouveau (3000 tpm, 3 min) pour isoler les NCx non stables. La solution est stockée dans 10 mL de chloroforme dans un flacon et les NCx sont stables plusieurs mois après mise à l'air sans oxydation visible apparente. Pour une température de 100 °C et pour un temps de 5 minutes, les NCx font environ 12 nm.

A.4.3 Protocole C

$$[\text{bis(bis(TMS)N)Sn]} + \text{ODE} + \text{OA} + \text{TOP} \xrightarrow[\text{OLA + TOP}]{\text{bis(TMS)S}} \text{SnS (NCx)} + \text{sous-produits} \quad (A.8)$$

Dans un ballon tricol de 50 mL sont ajoutés, à l'intérieur d'une boîte à gants, 1 mmol du précurseur d'étain [bis(bis(TMS)N)Sn] (0,78 mL),5 mL d'ODE, 4,5 mL d'OA et 3 mL de TOP. Le ballon est chauffé à 100 °C et mis sous vide primaire pendant 1h avec une rampe à vide sous argon de type Schlenk. La température est ensuite ajustée de 80 à 180 °C selon la taille de NCx désirée. Une solution de bis(TMS)S (1 mmol ; 210 µl) dissout dans 5 mL d'OLA et 3 mL de TOP est ensuite rapidement injectée, provoquant un changement de couleur du jaune vers le noir, révélateur de la nucléation des particules. Après 5 minutes de réaction, la solution est refroidie avec un bain de glace et lorsque la température approche les 40 °C, 30 mL d'éthanol sont injectés dans le ballon pour quencher la réaction. Les NCx sont purifiés en centrifugeant à 7000 tpm pendant 3 minutes puis, après redissolution, A ce niveau les NCx précipitent majoritairement pour les synthèses réalisées au dessus de 80 °C. Les synthèses à plus faibles températures conduisent à des particules amorphes non cristallisées non utilisables pour la plupart des étapes suivantes.

	[bis(bis(TMS)N)Sn]	bis(TMS)S	SnS
Pureté (%)	> 99,998	> 99,0+	-
Fournisseur	Sigma-Aldrich		-
Masse molaire (g.mol^{-1})	439,5	178	150
Nombre de moles (mmol)	2	1	1
Masse (mg)	880 (0,78 mL)	178 (210 µl)	150

Tab. A.7 – Tableau résumant les quantités de précurseurs utilisées pendant la synthèse de NCx de SnS par « hot injection » pour le protocole C.

A.4.4 Protocole D

$$SnCl_2 + ODE + OA + TOP \xrightarrow[\text{OLA + TOP}]{\text{bis(TMS)S}} SnS \ (NCx) + \text{sous-produits} \tag{A.9}$$

Ce protocole est issue de l'article de LIU et coll. [5] et nous l'avons reproduit pour comparaison.

Dans un ballon tricol de 50 mL sont ajoutés, à l'intérieur d'une boîte à gants, 1 mmol de $SnCl_2$ (0,380 g),5 mL d'ODE, 4,5 mL d'OA et 3 mL de TOP. Le ballon est chauffé à 100 °C et mis sous vide primaire pendant 1h avec une rampe à vide sous argon de type Schlenk. La température est ensuite ajustée de 80 à 180 °C, selon la taille de NCx désirée, jusqu'à ce que la poudre blanche du chlorure d'étain devienne complètement transparente jaune. Une solution de bis(TMS)S (1 mmol ; 0,210 mL) dissout dans 5 mL d'OLA et 3 mL de TOP est ensuite rapidement injectée, provoquant un changement de couleur du jaune vers le noir, révélateur de la nucléation des particules. Après 5 minutes de réaction, la solution est refroidie avec un bain de glace et lorsque la température approche les 40 °C, 30 mL d'éthanol sont injectés dans le ballon pour quencher la réaction. Les NCx sont purifiés en centrifugeant à 7000 tpm pendant 3 minutes puis, après redissolution, sont centrifugés de nouveau (3000 tpm, 3 min) pour isoler les NCx non stables. La solution est stockée dans 10 mL de chloroforme dans un flacon et les NCx sont stables plusieurs mois après mise à l'air sans oxydation visible apparente. Pour une température de 100 °C et pour un temps de 5 minutes, les NCx font environ 5 nm.

	$SnCl_2$	bis(TMS)S)	SnS
Pureté (%)	> 99,995	> 99,998	-
Fournisseur	Sigma-Aldrich		-
Masse molaire (g.mol^{-1})	190	178	150
Nombre de moles (mmol)	2	1	1
Masse (mg)	380	178 (210 µl)	150

Tab. A.8 – Tableau résumant les quantités de précurseurs utilisées pendant la synthèse de NCx de SnS par « hot injection » pour le protocole D.

A.4.5 Protocole E

$$[\text{bis(bis(TMS)N)Sn}] + \text{ODE} + \text{OA} + \text{TOP} \xrightarrow[\text{OLA + TOP}]{S} \text{SnS (NCx)} + \text{sous-produits} \quad (A.10)$$

	[bis(bis(TMS)N)Sn]	Soufre (élémentaire	SnS
Pureté (%)	> 99,998	> 99,998	-
Fournisseur	Sigma-Aldrich		-
Masse molaire (g.mol^{-1})	439,5	32	150
Nombre de moles (mmol)	2	1	1
Masse (mg)	880 (0,78 mL)	32	150

Tab. A.9 – Tableau résumant les quantités de précurseurs utilisées pendant la synthèse de NCx de SnS par « hot injection » pour le protocole E.

Dans un ballon tricol de 50 mL sont ajoutés, à l'intérieur d'une boîte à gants, 1 mmol de [bis(bis(TMS)N)Sn] (0,78 mL),5 mL d'ODE, 4,5 mL d'OA et 3 mL de TOP. Le ballon est chauffé à 100 °C et mis sous vide primaire pendant 1h avec une rampe à vide sous argon de type Schlenk. La température est ensuite ajustée de 80 à 180 °C selon la taille de NCx désirée. Une solution de TOP-S (1 mmol ; 0,032 g) dissout dans 5 mL d'OLA et 3 mL de TOP est ensuite rapidement injectée, provoquant un changement de couleur du jaune vers le noir, révélateur de la nucléation des particules. Après 5 minutes de réaction, la solution est refroidie avec un bain de glace et lorsque la température approche les 40 °C, 30 mL d'éthanol sont injectés dans le ballon pour quencher la réaction. Les NCx sont purifiés en centrifugeant à 7000 tpm pendant 3 minutes puis, après redissolution, A ce niveau les NCx précipitent majoritairement pour les synthèses réalisées au dessus de 80 °C. Les synthèses à plus faibles températures conduisent à des particules amorphes non cristallisées non utilisables pour la plupart des étapes suivantes. Pour une température de 100 °C et pour un temps de 5 minutes, les NCx font environ 5 nm.

A.4.6 Protocole F

$$SnCl_2 + \text{ODE} + \text{OA} + \text{TOP} \xrightarrow{S + \text{OLA} + \text{TOP}} \text{SnS (NCx)} + \text{sous-produits} \quad (A.11)$$

Dans un ballon tricol de 50 mL sont ajoutés, à l'intérieur d'une boîte à gants, 1 mmol de $SnCl_2$ (0,380 g),5 mL d'ODE, 4,5 mL d'OA et 3 mL de TOP. Le ballon est chauffé à 100 °C et mis sous vide primaire pendant 1h avec une rampe à vide sous argon de type Schlenk. La température est ensuite ajustée de 80 à 180 °C, selon la taille de NCx désirée, jusqu'à ce que la poudre blanche du chlorure d'étain devienne complètement transparente jaune. Une solution de TOP-S (1 mmol ; 0,032 g) dissout dans 5 mL d'OLA et 3 mL de TOP est ensuite rapidement injectée, provoquant un changement de couleur du jaune vers le noir, révélateur de la nucléation des particules. Après 5 minutes de réaction, la solution est refroidie avec un bain de glace et lorsque la température approche les 40 °C, 30 mL d'éthanol sont injectés dans le ballon pour quencher la réaction. Les NCx sont purifiés deux fois en centrifugeant à 7000 tpm pendant 3 minutes puis, après redissolution, sont centrifugés de nouveau (3000 tpm, 3 min) pour isoler les NCx non stables. La solution est stockée dans 10 mL de chloroforme dans un flacon et les NCx sont stables plusieurs mois après mise à l'air sans oxydation visible apparente. Pour une température de 100 °C et pour un temps de 5 minutes, les NCx font de 10 à 15 nm.

	$SnCl_2$	Soufre (élémentaire)	SnS
Pureté (%)	> 99,995	> 99,998	-
Fournisseur		Sigma-Aldrich	-
Masse molaire (g.mol^{-1})	190	32	150
Nombre de moles (mmol)	2	1	1
Masse (mg)	380	32	150

Tab. A.10 – Tableau résumant les quantités de précurseurs utilisées pendant la synthèse de NCx de SnS par « hot injection » pour le protocole F.

A.5 Synthèse de SnSe, SnTe

A.5.1 Synthèse de SnSe

$$\text{TOP-Se} + \text{OLA} \xrightarrow[\text{ODE} + \text{OA}]{\text{[bis(bis(TMS)N)Sn]}} \text{SnSe (NCx)} + \text{sous-produits} \qquad (\text{A.12})$$

Nous avons suivi le protocole de BAUMGARDNER et coll. [6] qui reporte une procédure facile de synthèse de NCx de SnSe.

Dans un ballon tricol de 50 mL sont ajoutés, à l'intérieur d'une boîte à gants, 1 mmol de TOP-Se (solution préalablement préparée en boîte à gants et consistant à mélanger 1 mmol de Se dans 1 mL de TOP) et 5 mL de OLA. Le ballon est chauffé à 100 °C et mis sous vide primaire pendant 1h avec une rampe à vide sous argon de type Schlenk. La température est ensuite augmentée à 130 °C. Une solution de [bis(bis(TMS)N)Sn] (0,4 mmol ; 0,016 mL) dissout dans 4 mL d'ODE est ensuite rapidement injectée, provoquant un changement de couleur du jaune vers le noir, révélateur de la nucléation des particules. Après 1,5 minutes de réaction, 3 mL d'OA sont injectés et la solution est refroidie avec un bain de glace et lorsque la température approche les 40 °C, le mélange est laissé sous agitation pendant 15 minutes. Ensuite, 30 mL d'éthanol sont injectés dans le ballon pour quencher la réaction. Les NCx sont purifiés deux fois en centrifugeant à 9000 tpm pendant 2 minutes puis, après redissolution, sont centrifugés de nouveau (3000 tpm, 3 min) pour isoler les NCx non stables. La solution est stockée dans 10 mL de chloroforme dans un flacon et les NCx sont stables plusieurs mois après mise à l'air sans oxydation visible apparente.

	[bis(bis(TMS)N)Sn]	Sélénium	SnS
Pureté (%)	> 99,998	99,54	-
Fournisseur	Sigma-Aldrich		-
Masse molaire (g.mol^{-1})	439,5	79	198
Nombre de moles (mmol)	0,4	1	0,4
Masse (mg)	176 (155 µl)	79	79

Tab. A.11 – Tableau résumant les quantités de précurseurs utilisées pendant la synthèse de NCx de SnSe par « hot injection ».

A.5.2 Synthèse de SnTe

$$\text{TOP-Te} + \text{OLA} \xrightarrow[\text{ODE + OA}]{\text{[bis(bis(TMS)N)Sn]}} \text{SnTe (NCx)} + \text{sous-produits} \qquad (A.13)$$

Ce protocole, tiré des travaux de KOVALENKO et coll. [7] est un le premier article à traiter de la synthèse colloïdale de chalcogénure d'étain.

Tout d'abord, une solution de TOP-Te (de concentration 0,78 mol.L^{-1}) est préparée en mélangeant 10 mmol de Te (0,995 g) dans 10 mL de TOP. Pour permettre la dissolution, il faut monter la température sous agitation à 300 °C pendant 1h pour que le TOP-Te se forme. La solution est alors orange puis passe au vert lorsque le mélange redescend à température ambiante.

Dans un ballon tricol de 50 mL sont ajoutés, à l'intérieur d'une boîte à gants, 1 ml de TOP-Te (de concentration 0,78 mol.L^{-1}) et 5 mL de OLA. Le ballon est chauffé à 100 °C et mis sous vide primaire pendant 1h avec une rampe à vide sous argon de type Schlenk. La température est ensuite augmentée à 130 °C. Une solution de [bis(bis(TMS)N)Sn] (0,4 mmol ; 0,016 mL) dissout dans 4 mL d'ODE est ensuite rapidement injectée, provoquant un changement de couleur du jaune vers le noir, révélateur de la nucléation des particules. Après 1,5 minutes de réaction, 3 mL d'OA sont injectés et la solution est refroidie avec un bain de glace et lorsque la température approche les 40 °C, le mélange est laissé sous agitation pendant 15 minutes. Ensuite, 30 mL d'éthanol sont injectés dans le ballon pour quencher la réaction. Les NCx sont purifiés deux fois en centrifugeant à 9000 tpm pendant 2 minutes puis, après redissolution, sont centrifugés de nouveau (3000 tpm, 3 min) pour isoler les NCx non stables. La solution est stockée dans 10 mL de chloroforme dans un flacon et les NCx sont stables plusieurs mois après mise à l'air sans oxydation visible apparente. Pour une température de 130 °C et pour un temps de 5 minutes, les NCx font de 5 à 10 nm.

	[bis(bis(TMS)N)Sn]	Téllure	SnS
Pureté (%)	> 99,998	99,95	-
Fournisseur	Sigma-Aldrich		-
Masse molaire (g.mol^{-1})	439,5	127,6	246,3
Nombre de moles (mmol)	0,4	1	0,4
Masse (mg)	176 (155 µl)	127,6	98,5

Tab. A.12 – Tableau résumant les quantités de précurseurs utilisées pendant la synthèse de NCx SnTe par « hot injection ».

A.6 Synthèse de nanocristaux de Cu_2S

$$CuCl + OLA \xrightarrow{\text{thioacétamide} + OLA} Cu_2S \text{ (NCx)} + \text{sous-produits} \qquad (A.14)$$

Le protocole pour cette synthèse a été adapté de la synthèse de SnS que nous avons réalisé précédemment. Dans un ballon tricol de 50 mL sont ajoutées, à l'intérieur d'une boîte à gants, 1 mmol de CuCl (0,101 g) et 5 mL de OLA. Le ballon est chauffé à 100 °C et mis sous vide primaire pendant 1h avec une rampe à vide sous argon de type Schlenk. La température est ensuite augmentée à 150-170 °C, jusqu'à ce que le mélange verdâtre change de couleur et devienne complètement transparent jaune. La couleur verte a pour origine l'oxydation des atomes de Cu^+ en Cu^{2+}. L'élévation de la température permet à l'OLA de réduire les Cu^{2+} en Cu^+. La température est ensuite réduite à 100 °C. Une solution de thioacétamide (0,5 mmol ; 0,038 g) dissout dans 2 mL d'OLA est ensuite rapidement injectée, provoquant un changement de couleur du jaune vers le noir, révélateur de la nucléation des particules. Après 5 minutes de réaction, la solution est refroidie avec un bain de glace et lorsque la température approche les 40 °C, 30 mL d'éthanol sont injectés dans le ballon pour quencher la réaction. Les NCx sont purifiés deux fois en centrifugeant à 7000 tpm pendant 3 minutes puis, après redissolution, sont centrifugés de nouveau (3000 tpm, 3 min) pour isoler les NCx non stables. La solution est stockée dans 10 mL de chloroforme dans un flacon et les NCx sont stables plusieurs mois après mise à l'air sans oxydation visible apparente. Pour une température de 130 °C et pour un temps de 5 minutes, les NCx font environ 4,5 nm.

	CuCl	thioacétamide	Cu_2S
Pureté (%)	> 99,995	98+	-
Fournisseur	Sigma-Aldrich		-
Masse molaire (g.mol^{-1})	101	75	127
Nombre de moles (mmol)	1	0,5	0,5
Masse (mg)	101	38	64

Tab. A.13 – Tableau résumant les quantités de précurseurs utilisées pendant la synthèse de NCx Cu_2S par « hot injection » avec le thioacétamide.

A.7 Synthèse de nanocristaux de CdS

$$CdO + TOPO + ODPA \xrightarrow{\text{S-OLA}} CdS \text{ (NCx)} + \text{sous-produits} \qquad (A.15)$$

Ce protocole est adapté de l'article de CARBONE et coll. [8] qui traite de la synthèse de nanobâtonnets de CdS/CdSe. Nous avons utilisée le protocole de synthèse des « seeds » de CdS.

Dans un ballon tricol de 50 mL sont ajoutées, à l'intérieur d'une boîte à gants, 1 mmol de CdO (0,128 g), 0,603 g d'ODPA et 3,299 g de TOPO. Le ballon est chauffé à 150 °C et mis sous vide primaire pendant 1h avec une rampe à vide sous argon de type Schlenk. La température est ensuite augmentée à 320 °C. Une solution de S (2 mmol ; 0,064 mg) dissout dans 2 mL d'OLA est ensuite rapidement injectée, provoquant un changement de couleur du jaune vers le jaune orangé, révélateur de la nucléation des particules. Après 3 minutes de réaction, la solution est refroidie avec un bain de glace et lorsque la température approche les 40 °C, le mélange est laissé sous agitation pendant 15 minutes. Ensuite, 30 mL d'éthanol sont injectés dans le ballon pour quencher la réaction. Les NCx sont purifiés deux fois en centrifugeant à 8000 tpm pendant 2 minutes puis, après redissolution, sont centrifugés de nouveau (3000 tpm, 3 min) pour isoler les NCx non stables. La solution est stockée dans 10 mL de chloroforme dans un flacon et les NCx sont stables plusieurs mois après mise à l'air sans oxydation visible apparente. Pour une température de 320 °C et pour un temps de 3 minutes, les NCx font environ 13 nm.

	CdO	Soufre (élémentaire)	CdS
Pureté (%)	99,995	9,999	-
Fournisseur		Sigma-Aldrich	-
Masse molaire (g.mol^{-1})	128,4	32	134,4
Nombre de moles (mmol)	1	1	1
Masse (mg)	128	32	134

Tab. A.14 – Tableau résumant les quantités de précurseurs utilisées pendant la synthèse de NCx de CdS par « hot injection » avec le S-OLA.

A.8 Passivation de surface avec échange cationique

Pour réaliser la passivation de surface des NCx de SnS, nous avons utilisé la procédure développée par TANG et al. qui utilise le complexe de phosphonate de cadmium.

Une solution de CdCl$_2$/TDPA/OLA est préparée en mélangeant 256 mg de chlorure de cadmium (CdCl$_2$), 100 mg d'acide tetradécylphosphonique (TDPA) dans 10 mL d'oléylamine (OLA) et en chauffant à 100 °C sous vide pendant 30 minutes. D'un autre côté, 12 mL d'une solution de NCx de SnS (de concentration 50 mg/mL) sont dilués dans 24 mL de toluène et le mélange est chauffé à 60 °C. Ensuite, 4 mL de la solution de phosphonate de cadmium sont injectés dans la solution de NCx et laissés réagir pendant 5 minutes avant que la réaction soit arrêtée par l'injection de 40 mL d'acétone. Les NCx sont isolés par centrifugation puis purifiés une nouvelle fois avant d'être redispersés dans du chloroforme.

A.9 Synthèse du complexe de cyanurate d'hydrazine

Il est important de noter ici que l'hydrazine anhydre est un produit hautement toxique et facilement inflammable, il est donc indispensable de le manipuler avec soin.
L'extraction de l'hydrazine à partir du complexe de cyanurate d'hydrazine est une technique décrite par NACHBAUR et LEISEDER. [9]. Nous avons modifié ce protole, les détails de la synthèse sont donc :

L'obtention de l'hydrazine s'effectue en deux étapes : la formation de cyanurate d'hydrazine (Figure A.4A) et l'extraction de l'hydrazine anhydre (Figure A.4B).

Le complexe de cyanurate est formé en mélangeant et chauffant l'acide cyanurique et l'hydrazine monohydrate. Pour ce faire, dans un ballon de 500 mL sur lequel on branche un reflux, 12,9 g d'acide cyanurique sont introduits. On ajoute 300 mL d'eau distillée ainsi que 5 mL d'hydrazine monohydrate. Le mélange est ensuite chauffé à reflux pendant 1h30 à 120 °C. A la fin du reflux, la poudre blanche (acide cyanurique) s'est complètement solubilisée et la solution est totalement transparente. 5 mL d'hydrazine monohydrate sont ajoutés et le mélange est refroidi dans un bain de glace. Après 1h30 dans le bain de glace (pour précipiter la totalité), la solution est filtrée à travers un Büchner. La poudre blanche récupérée est lavée avec 10 mL d'éthanol, puis 10 mL de diethylether afin de sécher le produit. La poudre blanche obtenue est séchée à l'étuve à 60 °C pendant une nuit. Le rendement de cette réaction est d'environ 90 % ce qui correspond dans notre cas à 16 g de produit.

Les 16 g de cyanurate sont introduits dans un ballon de type Schlenk de 250 mL (ballon 1 sur le schéma). D'un autre côté, un autre ballon de type Schlenk de 100 mL (ballon 2 sur le schéma) est

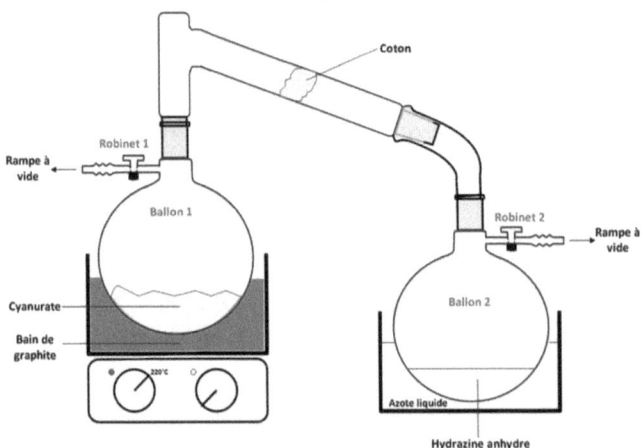

Fig. A.4 – Equation de formation du cyanurate d'hydrazine (A) et de l'extraction de l'hydrazine (B)

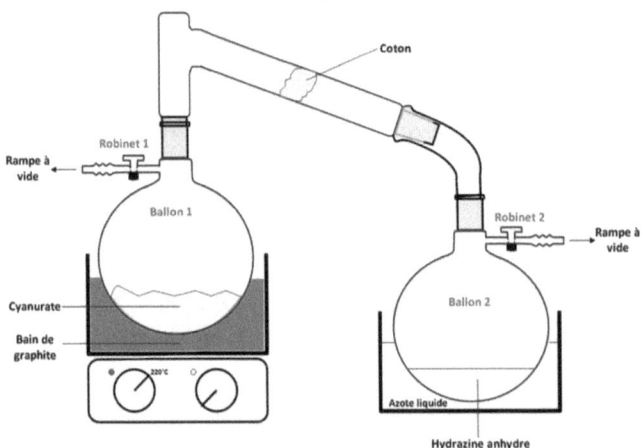

Fig. A.5 – Schéma de montage pour l'extraction de l'hydrazine anhydre à partir du complexe de cyanurate d'hydrazine.

installé, les deux ballons étant reliés par une colonne de distillation (comme expliqué sur le schéma de la Figure A.5). Une petite pelote de coton est introduite préalablement dans la colonne de distillation pour éviter le transport de poudre d'un ballon à l'autre. Le montage est pompé avec une rampe à vide sous argon de type Schlenk jusqu'à obtenir un vide de 0,1 mbar. Lorsque celui-ci est atteint, les deux robinets des ballons de Schlenk sont fermés, permettant ainsi d'isoler le montage et de se mettre dans des conditions de vide statique. On chauffe ensuite le ballon contenant le cyanurate à l'aide d'un bain de graphite jusqu'à 220 °C pendant qu'un Dewar d'azote est mis sous le ballon vide afin de constituer un vide statique. Après 2h, le chauffage est arrêté et le Dewar d'azote liquide retiré, on peut observé un liquide gelé à l'intérieur du ballon de 100 mL. Ce dernier est précautionneusement retiré du montage en veillant bien à ne pas faire rentrer d'air, puis inséré en boîte à gants dans laquelle on peut extraire l'hydrazine anhydre liquide à température ambiante. A la fin de cette réaction, nous avons obtenu 3 mL d'hydrazine anhydre, ce qui correspond à un rendement quantitatif de l'étape d'extraction.

Produits	Acide cyanurique	Hydrazine monohydraté	Eau	Cyanurate d'hydrazine	Hydrazine anhydre
Masse	12,9 g	5 mL + 5 mL	300 mL	17,5 g	3,2 g (3,2 mL)
Pureté	98+ %	98+ %	DI	-	-
Fournisseur	Sigma-Aldrich	Alfa-aesar	MilliQ	-	-
Masse molaire	129 g.mol^{-1}	48 g.mol^{-1}	18 g.mol^{-1}	161 g.mol^{-1}	32
Density (g.cm^{-3})	2,5	1,0	1,0	1,0	-
Quantité en moles	0,1	0,215	-	0,1	0,1

Tab. A.15 – Tableau résumant les quantités de matière et les paramètres mis en jeu dans l'extraction de l'hydrazine anhydre.

Bibliographie

[1] M. G. PANTHANI, V. AKHAVAN, B. GOODFELLOW, J. P. SCHMIDTKE, L. DUNN, A. DODABALA-PUR, P. F. BARBARA et B. A. KORGEL, « Synthesis of $CuInS_2$, $CuInSe_2$, and $Cu(In_xGa_{1-x})Se_2$ (CIGS) nanocrystal "inks" for printable photovoltaics. », *Journal of the American Chemical Society*, vol. 130, p. 16770–7, déc. 2008. (cité en pages 34, 35, 84, 108 et 120)

[2] B. KOO, R. N. PATEL et B. A. KORGEL, « Synthesis of $CuInSe_2$ nanocrystals with trigonal pyramidal shape. », *Journal of the American Chemical Society*, vol. 131, p. 3134–5, mars 2009. (cité en pages 34, 36, 39 et 121)

[3] J. YANG, E. H. SARGENT, S. O. KELLEY et J. Y. YING, « A general phase-transfer protocol for metal ions and its application in nanocrystal synthesis. », *Nature materials*, vol. 8, p. 683–9, août 2009. (cité en pages 39 et 121)

[4] S. G. HICKEY, C. WAURISCH, B. RELLINGHAUS et A. EYCHMÜLLER, « Size and shape control of colloidally synthesized IV-VI nanoparticulate tin(II) sulfide. », *Journal of the American Chemical Society*, vol. 130, p. 14978–80, déc. 2008. (cité en pages 42 et 123)

[5] H. LIU, Y. LIU, Z. WANG et P. HE, « Facile synthesis of monodisperse, size-tunable SnS nanoparticles potentially for solar cell energy conversion. », *Nanotechnology*, vol. 21, p. 105707, mars 2010. (cité en pages 42, 43 et 124)

[6] W. J. BAUMGARDNER, J. J. CHOI, Y.-F. LIM et T. HANRATH, « SnSe nanocrystals : synthesis, structure, optical properties, and surface chemistry. », *Journal of the American Chemical Society*, vol. 132, p. 9519–21, juil. 2010. (cité en pages 70 et 126)

[7] M. KOVALENKO et W. HEISS, « SnTe nanocrystals : a new example of narrow-gap semiconductor quantum dots », *Journal of the American Chemical Society*, vol. 129, p. 11354–5, sept. 2007. (cité en pages 70 et 127)

[8] L. CARBONE, C. NOBILE, M. DE GIORGI, F. D. SALA, G. MORELLO, P. POMPA, M. HYTCH, E. SNOECK, A. FIORE, I. R. FRANCHINI, M. NADASAN, A. F. SILVESTRE, L. CHIODO, S. KUDERA, R. CINGOLANI, R. KRAHNE et L. MANNA, « Synthesis and micrometer-scale assembly of colloidal CdSe/CdS nanorods prepared by a seeded growth approach. », *Nano letters*, vol. 7, p. 2942–50, oct. 2007. (cité en pages 18, 48 et 128)

[9] E. NACHBAUR et G. LEISEDER, « Uber eine einfache und gefahrlose Methode zur Darstellung von wasserfreiem Hydrazin », *Monatshefte für Chemie*, vol. 102, p. 1718–1723, nov. 1971. (cité en pages 79 et 129)

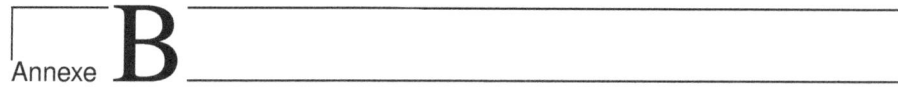

Annexe **B**

Préparation des échantillons

B.1 Préparation de grilles TEM/STEM

Pour toutes les caractérisations en microscopie électronique, nous avons utilisé des grilles TEM de la marque TED PELLA en cuivre recouvertes d'une fine couche de carbone (Holey carbon). Aucun pré-traitement de la grille n'a été réalisé. Typiquement, une grille est déposée sur un wipe de micro-électronique. Une ou deux gouttes de solution concentrée de NCs dans le chloroforme sont déposées sur la grille, l'excès de solution étant absorbé par le wipe. Les grilles sont laissées à l'air 30 minutes pour laisser sécher le solvant.

B.2 Préparation des substrats pour les rayons X

Nous avons utilisé pour toutes les caractérisations en rayons X un substrat de silicium désorienté (il s'agit d'un bout d'un monocristal de silicium qui a été coupé dans une orientation dans laquelle il ne diffracte aucun plan du silicium lorsque l'appareillage des RX est en position thêta/2 thêta). Quelques gouttes d'une solution de NCs dans le chloroforme sont déposées au centre du substrat puis laissées évaporées. Le substrat est ensuite plongé dans une solution d'éthanol puis laissé quelques secondes avant d'être séché. Cette opération a pour but d'éliminer les surfactants et donc d'éviter les pics parasites durant la mesure. Cette opération est répétée plusieurs fois jusqu'à l'obtention d'une couche épaisse de NCs sur le substrat (plusieurs micromètres).

B.3 Préparation des substrats pour l'EDS

La préparation des substrats pour l'analyse EDS est relativement proche de celle des RX. Sur un morceau de silicium cristallin (0,5 cm × 0,5 cm) plusieurs gouttes d'une solution de NCs dans le chloroforme sont déposées sur le substrat et laissées à sécher. Ensuite, le substrat est plongé dans une solution d'éthanol quelques secondes avant d'être également séché. De la même manière, cette opération sert à retirer le maximum de surfactants afin de ne pas polluer la mesure. Cette opération est répétée jusqu'à l'obtention d'une couche de quelques micromètres. La qualité de l'analyse ainsi que son temps de mesure sont directement liés à l'épaisseur du film déposé.

B.4 Préparation des échantillons pour l'électrochimie

B.4.1 Descriptif du montage

Le système électrochimique est composé de plusieurs éléments :

- **Le potentiostat** : Cet appareil de mesure permet de mesurer un courant (ou une variation de courant) tout en appliquant une tension variable. Plusieurs modes de fonctionnement sont possibles dans ce cas, nous avons utilisé principalement la voltammétrie cyclique (C/V) et l'ampérométrie différentielle pulsée (DPV). Il est cependant possible d'effectuer des modes potentiostatique (à tension fixe) ou galvanostatique (à courant fixe) pour d'autres utilisations. Les électrodes sont directement reliées au potentiostat qui est relié à un ordinateur pour enregistrer et traiter les résultats. Dans nos études, nous avons utilisé un potentiostat de marque AUTOLAB

- **Les électrodes** : Nous avons utilisé un système à trois électrodes, c'est-à-dire une électrode de travail, une électrode de référence et une contre-électrode. L'**électrode de travail** est un cylindre au bout duquel un disque de platine compose la surface de travail (voir Figure B.1). La **contre-électrode** est tout simplement un fil de platine recroquevillé en pelote (sa surface doit être égale à celle de l'électrode de travail pour un transfert de charge optimale). L'**électrode de référence** est soit un fil d'argent (on est donc obligé de se référer au couple redox du ferrocène dans ce cas et c'est alors une électrode de pseudo-référence), soit une électrode de référence composée d'un fritté, d'un fil d'argent et d'une solution de AgCl (dans ce cas, on se réfère au potentiel redox du couple Ag/AgCl).

- **L'électrolyte** : Elle constitue la « plage de potentiels » que l'on peut étudier. Selon l'électrolyte utilisé, on peut étudier différentes zones de potentiels. L'électrolyte est limité par son potentiel de réduction (mur de réduction de très grande intensité rendant impossible l'exploitation de donnée à partir de ce potentiel) et par son potentiel d'oxydation (mur d'oxydation). Cet électrolyte est composée d'un sel de fond (sel inorganique) dissous dans un solvant de très haute pureté. Il peut également être constitué d'un liquide ionique, permettant ainsi d'éviter les murs de réduction et d'oxydation. Seulement dans ce cas, l'électrolyte est coûteuse et difficilement réutilisable, en principe. Pour nos études, nous avons utilisé comme sel de fond le TBAHPF$_6$ qui est le tetrabutylammonium hexafluorophosphate, un composé majoritairement utilisé en électrochimie pour sa grande plage de mesure. Comme solvant nous avons utilisé soit l'acétonitrile anhydre, soit du dichlorométhane.

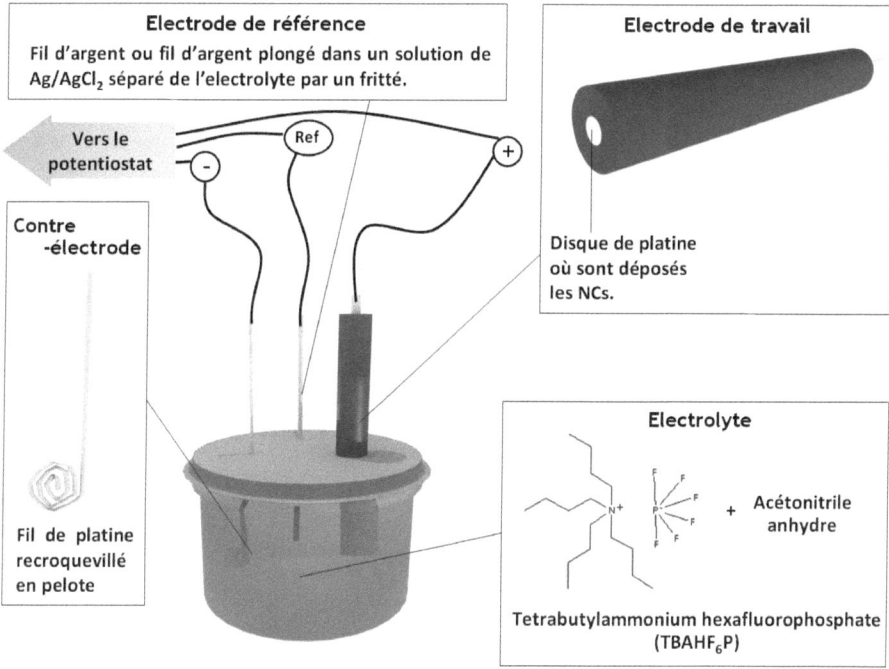

Fig. B.1 – Descriptif du montage utilisé pour la mesure des niveaux électroniques des NCs par électrochimie. Ce dispositif est utilisé en boîte à gants sous argon.

B.4.2 Préparation de l'électrolyte

L'électrochimie étant une méthode d'analyse très précise, il est nécessaire de travailler avec des solvants de très haute pureté car la moindre impureté présente dans le système donnera un pic sur les courbes tracées et rendra l'interprétation confuse. Pour ce faire, nous avons utilisé de l'acétonitrile distillée qui consiste à distiller avec du CaCl$_2$ l'acétonitrile standard. Pour toutes les mesures, nous avons effectué les expériences en boîte à gants pour éviter une éventuelle oxydation.

Le sel de fond doit être bien sec et ne doit contenir aucune trace d'eau. Il est donc nécessaire de sécher ce sel de fond plusieurs heures sous vide primaire avant introduction en boîte à gants. Nous avons travaillé avec une concentration de 0,01 mol.L^{-1} de TBAHPF$_6$ dans l'acétonitrile.

B.4.3   Préparation de films de NCs

La mesure des niveaux électroniques des NCs s'effectue sous forme de films. On dépose plusieurs gouttes de la solution de NCs à analyser sur l'électrode de travail. Il faut essayer de déposer les NCs uniquement sur le disque de platine et pas à côté, pour ne pas fausser ici encore l'analyse. Cette électrode avec son film de NCs est trempée dans l'éthanol pour enlever les surfactants résiduels pouvant être autour des NCs. On dépose plusieurs couches de NCs par cette méthode (généralement trois cycles) pour avoir le disque de platine bien rempli de NCs.

Dans la théorie de cette mesure, on considère que le système est constitué d'une monocouche de NCs à la surface de l'électrode ce qui permet de mesurer dès le premier scan les NCs situés entre l'électrolyte et l'électrode.

B.4.4   Déroulement de la mesure

Afin d'obtenir des valeurs précises des niveaux électroniques, nous devons procéder à plusieurs calibrations. Lorsqu'on utilise le fil d'argent comme électrode de référence, il est nécessaire de mesurer le couple redox du ferrocène dans la même électrolyte que la mesure des NCs afin de mesurer le décalage du système (le système évolue selon la concentration de l'électrolyte, la température, les conditions,...). La mesure s'organise generalement comme ceci :

- Mesure du ferrocène dans l'électrolyte (pointe de spatule de ferrocène). On réalise 3 cycles de C/V puis un cycle de DPV, cela permet de situer le potentiel du couple Fe^+/Fe.
- Changement d'électrolyte.
- Mesure du premier film de NCs : 3 cycles de C/V + 1 cycle de DPV (en réduction généralement, dépend de la position des niveaux électroniques).
- Mesure du deuxième film de NCs : 3 cycles de C/V + 1 cycle de DPV.
- Mesure du troisième film de NCs : 3 cycles de C/V + 1 cycle de DPV.
- Mesure du quatrième film de NCs : 3 cycles de C/V + 1 cycle de DPV.
- Mesure du cinquième film de NCs : 3 cycles de C/V + 1 cycle de DPV.
- Mesure du ferrocène : 3 cycles de C/V + 1 cycle de DPV.

Le calcul pour remonter aux niveau consiste à la moyenne de ces 5 mesures de C/V et de DPV en calibrant les valeurs sur celle du ferrocène. Ensuite on utilise les formules suivantes pour remonter aux niveaux électroniques :

$$E_{\text{HOMO}} \text{ (eV)} = -[E_{ox}^{o'}(V_{\text{Fe}+/\text{Fe}}) + 4,8] \qquad (B.1)$$

$$E_{\text{LUMO}} \text{ (eV)} = -[E_{red}^{o'}(V_{\text{Fe}+/\text{Fe}}) + 4,8] \qquad (B.2)$$

B.5   Préparation pour la spectroscopie Mössbauer

Les échantillons mesurés en spectroscopie Mössbauer doivent être mis sous forme de poudre. Nous précipitons donc les NCs en solution avec de l'éthanol puis nous centrifugeons. La poudre récupérée est séchée à l'étuve où on la laisse dans le tube en plastique. On dispose ensuite la poudre au centre d'un cercle de carton entre deux morceaux de scotch (voir description sur la Figure B.2). La « gommette » ainsi obtenue est insérée dans la canne qui sera plongée dans le cryostat.

L'incertitude des mesures est de +/- 0,1 mm.s^{-1} et les spectres sont fittés avec un programme développé par le professeur Gérard LE CAËR de l'université de Rennes.

La quantité de poudre mesurée est importante car elle détermine la qualité du spectre. Effectivement, nous avons vu dans le chapitre 3 que l'effet nano jouait un rôle primordial. Un autre facteur déterminant est l'atmosphère dans laquelle est préparé l'échantillon. En effet, une poudre de NCs est plus sensible à l'oxydation qu'une solution, les ligands protecteurs ne pouvant plus jouer leur rôle. Pour l'analyse de l'oxydation, nous avons donc effectué la préparation des échantillons en boîte à gants sous

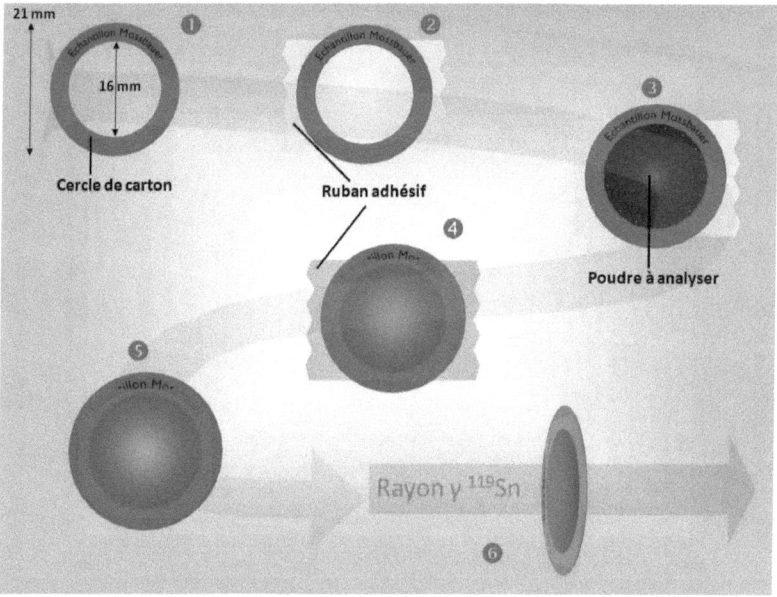

Fig. B.2 – Descriptif de la préparation des échantillons pour leur mesure en spectroscopie Mössbauer.

argon. Toutes les étapes ont été réalisées à l'abri de l'air et les gommettes ont été encapsulées avant la mesure en spectroscopie Mössbauer.

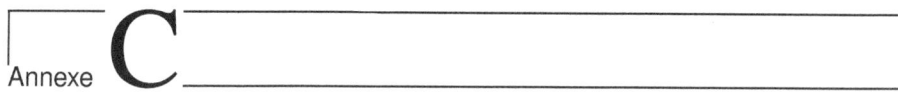

Paramètres de dépôts des couches minces de NCs

Sommaire

C.1 Préparation des substrats

Les substrats utilisés sont des lames de verre recouvertes d'une fine couche d'ITO (oxyde d'indium et d'étain) de 180 nm d'épaisseur achetés à la société « Präzisions Glas and Optik » avec les paramètres suivants :
- sheet resistance $</= 10 \ \Omega/\text{sq}$
- le verre est passivé par une fine couche de SiO_2 entre le verre et l'ITO
- les dimensions du substrats sont 17×25 mm
- l'épaisseur du substrat est de 0,7 mm

C.1.0.1 Nettoyage chimique

Les substrats sont baignés dans un bécher rempli d'acétone puis mis dans un bain sous ultrasons pendant 10 minutes. Cette opération a pour but de dissoudre toutes les traces d'impuretés organiques qui pourraient se trouver sur les substrats.

Les substrats sont ensuite séchés puis baignés de nouveau dans un bécher rempli d'éthanol. Ils sont exposés 10 minutes sous ultrasons puis séchés.

Nous avons utilisé un appareil à ultrasons de la marque « Advantage-Lab » de puissance 280 watts.

C.1.0.2 Nettoyage par UV-ozone cleaner

Suivant le nettoyage chimique, les substrats sont exposés à une lampe UV générant de l'ozone. Pour ce faire, nous avons utilisé un appareil fonctionnant en enceinte close (afin de confiner l'ozone dans l'enceinte).

L'appareil utilisé pour ces nettoyages est un « Novascan PSD Pro series - Digital UV Ozone System ».

C.2 Dépôts par dip-coating

L'appareil utilisé pour effectuer le dip-coating est un dip-coater de la marque « Nima Technology » avec une enceinte protectrice pour mettre sous argon fabriquée au laboratoire. Les paramètres de dépôt (vitesse de descente, durée de trempage, vitesse de montée, durée de séchage et nombre de cycles) sont contrôlés par le logiciel du fabriquant. Par exemple, pour le dépôt de NCs de $CuInSe_2$ exposé dans le chapitre 4, les paramètres étaient :

Vitesse de descente	2 cm/s
Durée de trempage	10 secondes
Vitesse de montée	2 cm/s
Temps de séchage	5 secondes
Nombre de cycles	40 cycles

Tab. C.1 – Tableau résumant les différents paramètres utilisés pour les dépôts par dip-coating.

C.3 Dépôts par spin-coating

Le spin-coater utilisé au laboratoire est un « Spin 150 » où le vide est effectué avec une pompe à palette de marque « Alcatel ». Les paramètres varient pour chaque dépôt selon la masse des NCx, la viscosité du solvant, la température d'ébullition du solvant, etc. Le tableau ?? résume les paramètres utilisés pour le dépôt des couches exposées dans le chapitre 4.

Nature du dépôt	Cycle 1			Cycle 2		
	Vitesse	Temps	Accélération	Vitesse	Temps	Accélération
PEDOT :PSS	1500 rpm	40s	375 rpm/s	2000 rpm	40s	375 rpm/s
NCs de ZnO (7 nm)	2500 rpm	20s	500 rpm/s	3000 rpm	20s	500 rpm/s
NCs de ZnO (40 nm)	1000 rpm	40s	250 rpm/s	2500 rpm	20s	500 rpm/s
NCs de SnS	2500 rpm	20s	500 rpm/s	3000 rpm	20s	500 rpm/s
NCs de CdS	1500 rpm	20s	500 rpm/s	2000 rpm	20s	500 rpm/s

Tab. C.2 – Tableau résumant les différents paramètres utilisés pour les dépôts par spin-coating.

C.3.1 Dépôt de PEDOT :PSS

Le PEDOT :PSS désigne un mélange de deux polymères, le poly(3,4-éthylènedioxythiophène) (PE-DOT) et le poly(styrène sulfonate) de sodium (PSS) et se conditionne sous forme de poudre. On le dissout donc dans de l'eau pour avoir une concentration massique d'environ 3-4 %. Suivant une longue agitation pour le dissoudre, le polymère est filtré dans un filtre de porosité (0,45 µm) et dilué à 50 % dans de l'éthanol. Les films sont ensuite recuits sur une plaque chauffante à 130 °C, pour une épaisseur d'environ 40 nm (mesurée par AFM).

C.3.2 Dépôt de NCs de SnS et de CdS

Pour le dépôt de NCs de SnS ou de CdS, une solution de 15 mg/mL dans le chloroforme est déposée sur le substrat de manière à le recouvrir totalement. Selon la masse des NCs (donc directement leur taille) les paramètres de dépôts varient drastiquement. Il est plus difficile de déposer des NCs plus gros. Pour ce faire, il faut jouer sur la viscosité du solvant et la vitesse de rotation du spin-coating.

C.3.3 Dépôt de NCs de ZnO

Deux tailles de NCs de ZnO ont été utilisées. La première solution, préparée au laboratoire, donne des NCs d'une taille moyenne de 7 nm que l'on solubilise dans une solution de chloroforme avec environ 5 % de méthanol. Le dépôt de couche de ZnO est généralement suivi d'un recuit sur une plaque chauffante à environ 350 °C. La rugosité du film obtenu peut directement se voir à l'oeil : si elle est trop important, le film est blanchâtre et non-transparent. Les films relativement non-rugueux ont une légère coloration jaune.

C.4   Dépôts par doctor blade

L'appareil de doctor blade coating que nous avons utilisé est un Erichsen fonctionnant avec une plaque modulable en température, contrôlée par un PID (Proportionnal Integral Differential).

Le dépôt se fait facilement en déposant quelques gouttes sur le substrat, puis en passant la lame au dessus pour étaler le film. L'épaisseur du film sera contrôlée par la concentration de particules dans le solvant ainsi que par la viscosité du solvant. Pour les dépôts dans l'éthanol, il est possible d'augmenter facilement la viscosité en ajoutant du 1,3-propanediol.

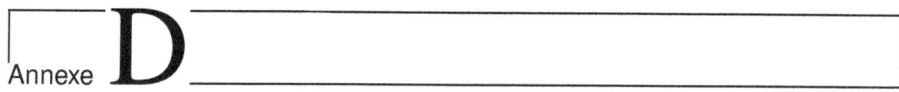

Annexe **D**

Cellules solaires

Sommaire

D.1   Le rayonnement dit de AM1.5

Le rayonnement solaire arrivant sur Terre traverse l'atmosphère, ce qui atténue son intensité et apporte les modifications suivantes :

- L'ozone absorbe dans les domaines d'ultraviolet et du visible avec les atomes d'oxygène qui présentent des raies d'absorption à 690 et 760 nm.

- L'eau, présente sous vapeur d'eau, comporte plusieurs raies dans le visible et dans l'infrarouge atténuant ainsi le rayonnement reçu après traversée de l'atmosphère. Le flux énergetique initialement de 1400 W.m^{-2} passe ainsi à 1000 W.m^{-2} avec un spectre qui se décale vers l'infrarouge.

Par souci de comparaison et de mesure pour les différentes technologies de cellules solaires et pour tenir compte de l'épaisseur de l'atmosphère, on définit un coefficient appelé nombre de masse (AM) défini par l'inverse du cosinus de l'angle que fait le soleil avec sa position au zénith. Par définition, AM0 correspond à un rayonnement hors atmosphère (dans l'espace par exemple). Pour un rayonnement dit de AM1.5, la position du soleil par rapport à son zenith forme un angle de 48°. Pour la caractérisation de dispositifs photovoltaïques, l'IEC (International Electrotechnical Commission) a formulé des normes (IEC60904) qui définissent des conditions de mesures pour la caractérisation de dispositifs. Il faut mesurer les cellules sous un rayonnement AM1.5, à 25 °C sous un flux de 1000 W.m^{-2}.

D.2   Ordres de grandeur

D.2.1   Le Watt crète

Le **Watt crète** (W$_c$ ou *Watt-peak* en anglais W$_p$) est une unité de mesure représentant la puissance maximale d'un dispositif. Elle se base sur trois conditions : un ensoleillement de 1000 W.m^{-2}, une température des panneaux de 25 °C et un rayonnement solaire dit AM1.5. Cette unité permet de comparer les modules entre-eux ou de dimensionner une installation sans tenir compte des conditions d'ensoleillement locales. Une installation de 4 kW$_c$ par exemple, produira 3400 kWh à Lille quand elle en produira 5000 kWh à Nice.

D.2.2   Pourcentage de l'énergie française avec le PV mondial

Si on prend la valeur de 69.984 MW installés dans le monde avec des modules PV, cela fournit, en kWh avec un ensoleillement moyen de 1800 h de soleil par an et dans les conditions optimales de fonctionnement :

$$E_{produite} = 69.984 \times 1800 = 125.431.200 \text{ MWh soit } 125,4 \text{ tWh}$$

Sachant que l'énergie électrique consommée en France par an est de 490 tWh en 2010, cela constitue :

$$\text{Pourcentage} = \tfrac{125,4}{490} * 100 = 25,6 \ \%$$

Conclusion : Si toutes les cellules solaires installées dans le monde produisaient de l'électricité que pour la France, cela ne fournirait que 25,6 % de la consommation annuelle.

D.2.3   Calcul de la part du solaire dans l'énergie mondiale

Si on convertit les 70 GW produits en 2010 dans le monde et qu'on les compare aux autres énergies, on doit le convertir en tonne équivalent pétrole (tep) :

$$1 \text{ tep} = 11.628 \text{ kWh}$$
$$125,4 \text{ tWh} = 10,8 \text{ mtep (million de tep)}$$
$$\text{Énergie produite dans le monde entier en 2011} = 12550,4 \text{ mtep}$$

$$\text{Pourcentage}_{\text{solaire/énergie}} = \frac{10,8}{12550,4} \cdot 100 = 0,09\ \%$$

D.2.4 Répartition du rayonnement solaire en France

La carte çi-dessous montre les différences de flux énergétique reçu sur le territoire français. Pour des raisons pratiques, on mesure le nombre d'heures d'ensoleillement par an. En France, il oscille entre 1550 h (Nord de la France) et 2900 h (Côte d'azur). Cette carte permet d'estimer les durées de retour sur investissement des installations solaires.

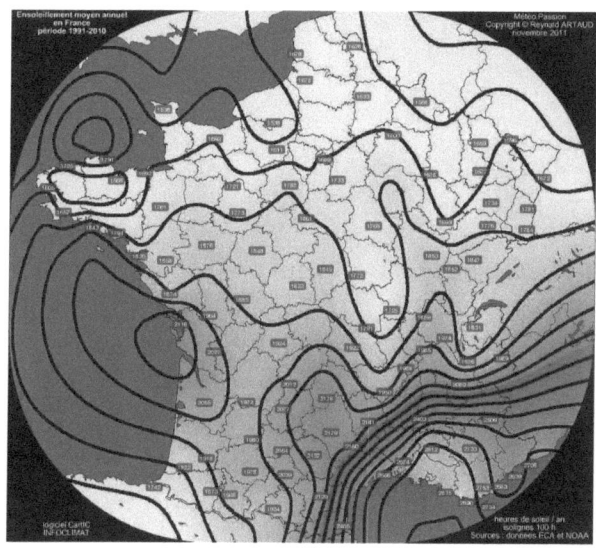

Fig. D.1 – Carte de l'ensoleillement en France. Les chiffres indiqués sont les nombres d'heures d'ensoleillement par an. Chaque isoligne correspond à 100h (La carte d'ensoleillement est tirée du site internet suivant : http ://www.meteopassion.com/ensoleillement-annuel.php

D.2.5 Module, maison, ferme, centrale ?

A titre de comparaison, la Figure D.2 présente la production en kWh/an pour différentes tailles d'installation solaires, du module simple à des fermes solaires de 2 GW. Pour pouvoir comparer, une centrale nucléaire moyenne en France fournit une puissance de 6 GW.

Il ne faut pas oublier non plus que les valeurs de kWh produits par an sont reliés à l'ensoleillement et ne seront pas les mêmes dans toutes les régions de France.

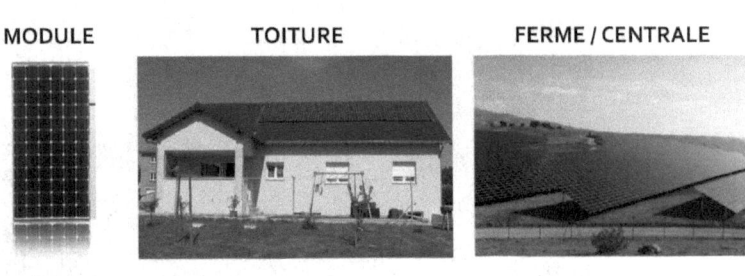

	MODULE	TOITURE	FERME / CENTRALE
Puissance	50-250 Wc	2-4 kWc	20-2000 kWc
Production	90-450 kWh/an	3600-14400 kWh/an	36-360 MWh/an

Fig. D.2 – Comparaison de la puissance fournie pour différentes tailles d'installations.

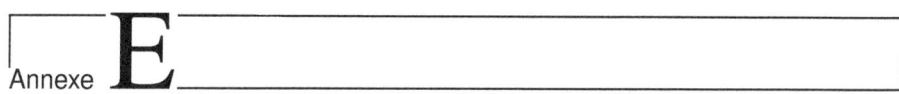
Annexe E

Communication scientifique

E.1 Articles dans des journaux scientifiques

Antoine de Kergommeaux, Angela FIORE, Nicolas BRUYANT, Frédéric CHANDEZON, Peter REISS, Adam PRON, Rémi DE BETTIGNIES, Jérôme FAURE-VINCENT, « Synthesis of colloidal CuInSe$_2$ nanocrystals films for photovoltaic applications », *Solar Energy Materials and Solar Cells*, **2011**, 95, S39-S43.

Antoine de Kergommeaux, Jérôme FAURE-VINCENT, Rémi DE BETTIGNIES, Adam PRON, Bernard MALAMAN, Peter REISS, « Surface oxidation of tin chalcogenide nanocrystals revealed by ^{119}Sn Mössbauer spectroscopy », *Journal of the American Chemical Society*, **2012**, 134 (28), 11659-11666.

Antoine de Kergommeaux, Angela FIORE, Jérôme FAURE-VINCENT, Frédéric CHANDEZON, Adam PRON, Rémi DE BETTIGNIES, Peter REISS, « Highly conductive CuInSe$_2$ nanocrystals with inorganic surface ligands », *Materials Chemistry and Physics*, **2012**, 136, 2-3, 877-882.

Antoine de Kergommeaux, Jérôme FAURE-VINCENT, Adam PRON, Rémi DE BETTIGNIES, Peter REISS, « SnS thin films realized from colloidal nanocrystal inks », *Thin Solid Films*, DOI : 10.1016/j.tsf.2012.11.068.

Antoine de Kergommeaux, Angela FIORE, Jérôme FAURE-VINCENT, Adam PRON, Peter REISS, « Thin films of colloidal CuInSe$_2$ nanocrystals obtained by doctor blade coating », *Advances in Natural Science : Nanoscience and Nanotechnology*, accepté.

E.2 Participation à des conférences scientifiques

2012 Photovoltaic Technical Conference, *Aix-en-Provence*, France
« Surface oxidation of tin chalcogenides nanocrystals revealed by Mössbauer spectroscopy and their use in solar cells »
Antoine de Kergommeaux, Jérôme FAURE-VINCENT, Rémi DE BETTIGNIES, Adam PRON, Bernard MALAMAN, Peter REISS.

EMRS Spring 2012, *Strasbourg*, France
« Surface oxidation of tin chalcogenides nanocrystals revealed by Mössbauer spectroscopy »
Antoine de Kergommeaux, Jérôme FAURE-VINCENT, Rémi DE BETTIGNIES, Adam PRON, Bernard MALAMAN, Peter REISS,
« Chalcogenide nanocrystals synthesis and films preparation for low-cost applications »

Antoine de Kergommeaux, Angela FIORE, Jérôme FAURE-VINCENT, Frédéric CHANDEZON, Adam PRON, Rémi DE BETTIGNIES, Peter REISS.

NanaX 5 2012, *Fuengirola*, Spain
« Surface oxidation of tin chalcogenides nanocrystals revealed by Mössbauer spectroscopy »
Antoine de Kergommeaux, Jérôme FAURE-VINCENT, Rémi DE BETTIGNIES, Adam PRON, Bernard MALAMAN, Peter REISS.

2011 Photovoltaic Technical Conference, *Aix-en-Provence*, France
« CuInSe$_2$ and SnS nanocrystals with inorganic surface ligands for solution processed solar cells »
Antoine de Kergommeaux, Angela FIORE, Jérôme FAURE-VINCENT, Frédéric CHANDEZON, Adam PRON, Rémi DE BETTIGNIES, Peter REISS.

ElecMol10, 5th international meeting on molecular electronics, *Grenoble*, France
« CuInSe$_2$ Nanocrystals : From the Synthesis to Solar Cells »
Antoine de Kergommeaux, Angela FIORE, Jérôme FAURE-VINCENT, Frédéric CHANDEZON, Adam PRON, Rémi DE BETTIGNIES, Peter REISS.
"Synthesis of Colloidal CuInSe$_2$ Nanocrystals"
Angela FIORE, **Antoine de Kergommeaux**, Frédéric CHANDEZON, Peter REISS.

2010 Photovoltaic Technical Conference, *Aix-en-Provence*, France
« Schottky Solar Cell based on colloidal CuInSe$_2$ nanocrystals films ».
Antoine de Kergommeaux, Angela FIORE, Nicolas BRUYANT, Jérôme FAURE-VINCENT, Frédéric CHANDEZON, David DJURADO, Adam PRON, Rémi DE BETTIGNIES, Peter REISS.

Résumé

Pour que l'énergie photovoltaïque devienne compétitive, les coûts de production doivent être baissés et l'efficacité des cellules augmentée. Les cellules solaires à base de nanocristaux semi-conducteurs constituent une approche prometteuse pour remplir ces objectifs combinant une mise en œuvre par voie liquide avec la possibilité d'ajuster précisément la largeur de bande interdite et les niveaux électroniques. Aujourd'hui, les rendements de conversion des cellules constituées de nanocristaux de sulfure de plomb approchent les 7 %. Seulement, à cause des normes européennes destinées à l'affranchissement du plomb du fait de ses risques pour la santé et l'environnement, de nouveaux matériaux doivent être trouvés. Cette thèse concerne la synthèse de nouveaux types de nanocristaux semi-conducteurs et leur application dans des cellules solaires. La synthèse des nanocristaux de CuInSe₂ et de SnS de taille et de forme contrôlées a été effectuée, notamment par des voies de synthèses reproductibles dont le passage à grande échelle est facilement possible. Une analyse approfondie de la structure des nanocristaux de SnS par spectroscopie Mössbauer a montré que ces nanocristaux avaient une forte tendance à s'oxyder, ce qui limite leur utilisation dans des dispositifs électroniques après exposition à l'air. La constitution de couches minces continues ayant de bonnes propriétés électriques a été effectuée par le dépôt contrôlé de nanocristaux ainsi que l'échange de leurs ligands de surface. En particulier, un nouveau type de ligand inorganique a été utilisé qui a montré une augmentation de la conductivité des films multiplié par quatre ordres de grandeur par rapport aux ligands initiaux. Enfin, la préparation de cellules solaires basées sur ces couches minces de nanocristaux a montré des résultats encourageants et notamment un clair effet photovoltaïque lorsque le dépôt est effectué sous atmosphère inerte.

Mots-clés : nanocristaux – sulfure d'étain – séléniure de cuivre et d'indium – fonctionnalisation de surface – couches minces – photovoltaïque

Abstract

In order to be cost-effective, photovoltaic energy conversion needs to improve the solar cell efficiencies while decreasing the production costs. Nanocrystal based solar cells could fulfil these requirements through solution-processing, band gap and energy level engineering. PbS nanocrystal thin films already proved their potential for use as solar cell active materials with power conversion efficiencies approaching 7 %. However, since lead based compounds are not compatible with European regulations and present high risks for health and environment, semiconductor nanocrystals of alternative materials have to be developed. This thesis focuses on novel types of semiconductor nanocrystals and their application in photovoltaics. The first part of the study deals with the synthesis of size- and shape-controlled CuInSe₂ and SnS nanocrystals. An in-depth investigation of the structure of SnS nanocrystals using Mössbauer spectroscopy revealed their high oxidation sensitivity, which limits their usability in optoelectronic devices after air exposure. The second part deals with the thin film preparation and the surface ligand exchange of the obtained nanocrystals. Using a fully inorganic nanocrystal-surface ligand system, the deposited films exhibited a current density improved by four orders of magnitude as compared to the initial ligands. Finally, solar cell devices based on nanocrystal thin films were fabricated, which showed encouraging results with a clear photovoltaic effect when processed under inert atmosphere.

Keywords : nanocrystals – tin sulfide – copper indium selenide – surface functionalization – thin films – photovoltaics

Zeitfracht Medien GmbH
Ferdinand-Jühlke-Straße 7
99095 Erfurt, Deutschland
produktsicherheit@kolibri360.de

Druck:
CPI Druckdienstleistungen GmbH
im Auftrag der
Zeitfracht Medien GmbH
Ein Unternehmen der Zeitfracht - Gruppe
Ferdinand-Jühlke-Str. 7
99095 Erfurt